사용자를 유혹하는 UX의 기술

사용자를 유혹하는 UX의 기술

최고의 경험을 만드는 33가지 디자인 원칙

리브 당통 르페브르 지음

유엑스 리뷰

추천의 말

리브 당통 르페브르가 UX 디자인 실전법을 주제로 책을 쓰고 싶어 한다는 사실을 알았을 때 나는 리브의 프로필을 떠올리며 먼저 쾌재를 불렀다. 전문가, 박사, 실무가라는 그의 프로필이 이러한 주제를 공략하기 충분하며 프랑스어 불모지인 UX 디자인 분야의 참고 문헌에 물길을 대줄 수 있으리란 기대 때문이었다. 더욱이 UX 디자인을 다루면서 자료가 뒷받침된 참고 문헌은 없다시피 한 형국이다.

나는 이 책이 UX 디자이너가 맞이한 시대와 요구에 부합할 수 있을지 궁금했다.

이 책이 출간되기를 학수고대하는 두 가지 중요한 이유가 있다. 바로 교육과 협회, 두 영역에 걸쳐 있는 나의 업무 때문이다. 이 업무 덕분에 나는 UX 전문가들이 가진 의문과 호기심을 피부로 느낄 수 있었다.

첫 번째로 교육에 있어서 나는 5년 전부터 주로 대학원을 포함하여, 다양한 학교에서 교직 생활을 했다. UX 연구, 마케팅 조사, 인지 심리학, 민족학, 인간 공학을 다뤘다. 고백하건대 나는 리브가 완성해 놓은 콘텐츠에서 영감을 받아 수업 내용에서 그 일부를 다룬 적이 있었다. 그에 못지않게 영어로 된 참고 문헌도 참조하는데 이러한 수준 높은 참고 문헌들은 대부분 프랑스어가 아닌 영어로 쓰였다는 점이 아쉬웠다. 사용자 테스트, 사용자 행동 분석 및 관찰 분야에서 커리어를 쌓는 동안 모았던 자료들에 채택한 영어 자료를 결합해 내용을 발전시킨다. 내용이 충실해지고 (감히 그랬기를 바라면서) 독자의 관심을 받을 수 있었던 것도 바로 이렇게 이론과 실제를 한데 모은 덕분이다. 또한, 이 덕분에 독자들은 내용을 효과적으로 흡수하고 인간의 작용과 그 심리적 동기의 위대한 원리들을 일상에 적용할 수 있다. 누구를 위한 디자인인지를 알아야 더 나은 디자인을 할 수 있다는 것을 명심하자. 현세대 혹은 미래 세대를 대상으로 UX 개념을 가르치는 모든 전문가에게는 최대한 많은 참고 자료가 필요하다.

두 번째는 협회다. 나는 3년 전부터 Flupa(프랑스 UX 전문가 협회) 이사회에 소속되어 있고 2018년 6월에는 회장으로 선출됐다. 협회는 해마다 두 가지 큰 이벤트(6월에는 파리UX데이, 11월에는 지방에서 UX캠프)를 개최하고 4개국에 진출한 15개 지국과도 여러 차례 만남을 가진다. 그런데 1년 전, 이러한 만남에서 현저하게 나타나는 한 경향을 발견하고는 충격을 받은 적이 있다. UX 디자인에 대해 이야기를 해 보면 많은 사람이 갈피를 못 잡는다. 나는 이 분야에서 길을 잃은 신참들을 만나볼 기회가 많았는데 이 신참들은 하나같이 관련 정보나 필독서, 회사에서 진행할 수 있는 실전법 등의 지침을 원했다. 특히 강하게 요구하는 것이 사고력을 쌓고 회사가 양질의 경험을 창출하도록 지원 업무를 발전시킬 수 있는 탄탄한 기반이다. UX 분야가 나날이 발전하고 필요성이 커지고 있지만 종종 인정받지 못하기 때문에 신참들에게는 이러한 기반이 더욱 절실한 상황이다(링크드인 프로필을 매력적으로 만드는 'UX', 즉 그 유명한 UX embellishment of job title만 보아도 충분히 알 수 있다).

실제로 이 책은 나의 이러한 초조함을 달래주는 내용으로 가득하다.

이 책이 UX 분야를 다룬 첫 번째 책이 아닌 만큼 마지막 책이 되지 않기를 바란다. 나는 이 시점에서 카린 랄르망(Carine Lallemand)과 기욤 그로니에

(Guillaume Gronier)의 책(《UX 디자인 기법》, 1권 (2015))을 언급하고자 한다. 결론적으로 UX 연구를 강조하며 평가 방법에 중점을 둔 이 책은 (저자들의 토대인) 학문적 연구와 현장의 실무자들을 엮어준다.

리브 당통 르페브르의 책도 이와 맥락을 함께한다. 그래서 나는 수업과 UX에 관심이 많은 대중을 위한 강연에 또 다른 참조 자료를 추가할 수 있게 됐다. 카린 랄르망과 기윰 그로니에가 책에서 적용 방식에 엄격한 기준을 적용했다면 리브 당통 르페브르의 책은 인간의 행동을 설명하는 과학적 근거를 강조하고 구체적인 적용 사례와의 연관성을 제시한다. 실제로 전문적인 내용을 담기 위해 각각의 원칙은 이론, 적용, 핵심 정리 순으로 적절하고 일관되게 전개된다.

더불어 이 책은 감정, 스토리텔링, 경험에 대한 기억, 멘탈 모델, 설득형 디자인, 참여, 감정 이입 등 UX의 유명한 고전적인 주제들을 다룬다.

또한, 시대에 맞춰 현재 혹은 미래의 UX 전문가가 제기하고, 앞으로 제기할 문제를 고찰한다. 따라서 여러분은 정신의 반추 작용, 기억 흔적, 점진적 누설, 인지 부하, 멀티 모달리티, 플롯 피라미드 등의 개념과 함께 호기심을 해소할 수 있을 것이다.

이 책은 우리가 가질 수 있는 단순한 직관이나 개인적인 확인 이외의 다른 방법으로는 결국 검증되지 않은 개념들을 쉽게 설명한다. 모두가 읽기 쉽도록 쉬운 표현을 사용했지만, 전문가들이 분석해 놓은 개념들을 제시하기 때문에 내용 면에서는 까다롭기도 하다. 쉬우면서도 까다로운 이 책은 더 발전하길 바라는 사람들에게는 필독서가 될 것이다.

여러분은 이 책에 참조할 문헌이나 이론이 풍부하지 않다고 생각하면서 이미 알고 있는 내용을 뒷받침하거나 심화할 믿을 만한 지식과 자료에만 집착하고 있는 자신을 발견할 수도 있다.

하지만 책에 등장하는 원리 목록들은 디지털 인터페이스에만 적용되는 것이 아님을 명심해야 한다. 우리는 최상의 의사소통과 경험을 방해하는 인간관계에 대해 자연스레 이야기하면서 이러한 원리들을 화면 밖 일상에서도 폭넓게 적용하기 때문이다.

UX 전문가들이 지침서를 필요로 하는 시기에 Eyrolles 출판사가 이 책에 관심을 보였다는 사실을 환영할 수밖에 없다. 바로 여기에 새로운 것이 담겨 있다.

들어가며

왜 이 책인가?

모든 것은 2018년 봄에 시작됐다. 온라인 교육 플랫폼인 오픈클래스룸 측에서 나에게 두 가지 강의를 맡아달라고 요청했다. 그중 한 강의는 '디자인에 심리학 적용하기'였다. 이 강의는 'UX 디자인'과목에서 바칼로레아+5(고등교육과정 5년 이수, 우리나라의 석사에 해당) 수준의 자격증을 부여하는 새로운 강의 목록에 포함되어 있었다. 여기서 중요한 것은 교육을 받는 UX 디자이너들에게 인지 심리학의 기초를 전수해야 한다는 점이다.

나는 이 강의를 준비하면서 이 주제를 다룬 프랑스어 책이 전무하다는 사실을 알게 됐다. 더군다나 강의를 구상하면서 큰 재미를 느꼈고 또 다른 주제들을 다루기 위한 천여 가지의 개발 아이디어들이 마구 떠올랐다. 그러나 온라인 강의라는 형식의 한계 때문에 그 당시에는 전념할 수가 없었다.

2018년 가을에 나는 아이를 갖게 되면서 현명하게 임신 기간을 보내기 위해 집필을 검토했다. 먼저 이 프로젝트를 제안하기 위해 카린 랄르망에게 편집자의 연락처를 물었다. 2019년 1월 1일 프로젝트의 계획안을 마쳤고 2월 Eyrolles 출판사의 승인을 받았다. 그리하여 3월에 드디어 계약서를 작성한 후 집필에 들어갔다. 나에게는 배 속에 있던 아이가 집필 프로젝트를 효과적으로 이끈 강력한 동기 부여였던 셈이다.

나는 즐겁게 이 책을 썼으니 부디 여러분도 즐겁게 읽기를 바란다. 또 이 책이 디자인 원리의 기반이 되는 심리적 메커니즘을 깊이 있게 설명하면서 여러분에게 실질적이고 즉시 적용 가능한 지침들을 전달하길 바란다.

나는 연구와 이론, 그리고 실질적이고 실용적으로 적용할 수 있는 지식을 한데 묶는 것을 항상 즐겼다. 그래서 이 책에도 인간의 작용과 현재의 과학적 연구에 대한 이론 지식을 엮어내 UX 디자인에 대한 새로운 시각을 제시하고자 했다. 내가 이 목표를 이뤘기를 바란다.

'UX 디자인'에 대해 논해본 적 있는가?

우리는 지난날 사용자 중심 디자인, 기계-인간 인터페이스(HMI, Human Machine Interface) 인간 공학, 인간 공학 심리학이라는 용어를 사용했지만, 오늘날에는 UX 디자인이라는 용어가 통용되는 바람에 일부 사람들은 이 용어의 프랑스어 기원을 잊었다. UX 디자인의 토대와 프랑스에서 개발된 이론적 토대를 가장 먼저 세운 이들이 바로 '인지 심리학자' 혹은 '인간 공학자'인데 말이다.

또한, 우리는 이러한 배경의 인터랙티브 디자인에서 탄생한 이 디자인의 적용 범위를 점차 넓힌 디자이너들을 발견하게 된다. 인간 공학과 디자인은 너무도 밀접하고 보완적인 관계여서 서로의 분야를 더욱 풍성하게 만든다.

그럼에도 나는 이 용어 정의를 《도널드 노먼의 디자인과 인간 심리(The Design of Everyday Things)》로도 유명한 도널드 노먼(Donald Norman)에게 넘기기로 했다. 도널드 노먼은 UX 디자인에 대해 전혀 상투적이지 않고 흥미로운 정의를 내려 내 마음에도 쏙 들었다.

"오늘날 UX 디자인이라는 용어는 잘못 쓰이고 있다. 사람들은 '나는 UX 디자이너다, 나는 웹 사이트와 애플리케이션을 만든다.'고 말한다. 하지만 그들은 정말 아무것도 모른다. 웹 사이트, 애플리케이션 같은 단순한 장치들에 경험을 한정짓고 있다는 사실을 아무도 모른다.

그렇다, 경험은 이보다 더욱 광범위하다!

경험은 세상과 삶, 서비스 또는 실제로 애플리케이션이나 컴퓨터 시스템을 지각하는 방식이다. 그러나 이 모든 것이 단지 시스템으로 구현됐을 뿐이다!"

전문가로서 나의 이력

내가 사용자 경험 디자인에 대한 심리학적 메커니즘을 다룬 책 한 권을 오늘 당장이라도 쓰기로 결심한다면 그것은 내 교육의 기원 때문일 것이다. 나는 이 업계의 다른 '대가들'처럼 심리학적 메커니즘을 기반으로 교육해 왔다.

실제로 나는 렌(Rennes)대학교에서 심리학 과정을 이수했다. 인지 심리학 전문가가 된 이후 (당시 사용되던 용어인) 하이퍼미디어의 정보 제시를 연구하는 에릭 자메(Eric Jamet) 팀에서 일하기 시작했다. 나는 이 팀에서 정보 제시의 다양한 형태 연구를 위한 과학적 실험을 설계하는 방법들을 배웠다. 예를 들어, 정지된 삽화나 애니메이션이 정보 검색에 미치는 영향, 전화 음성 서비스에서 보조 프레젠테이션을 제시하는 다양한 방법과 안내 캐릭터의 영향을 분석했다. 산업 문제를 시작으로 새로운 과학적 자료가 뒷받침된 해결책을 제안하는 응용 연구를 하면서 날이 갈수록 매료되었다. 2005년부터 2008년까지 라니옹(Lannion)에 있는 (당시 프랑스 텔레콤 연구 개발이라 불린) 오랑주 랩

(Orange Labs, 프랑스의 한 통신사)에서 논문을 완성했을 때는 이 연구에 푹 빠져 있었다. 그 후 로렌스 페롱(Laurence Perron) 팀에 합류하여 비언어와 컬래버레이션에 대한 연구부터 시작해 '컬래버레이션을 어떻게 원격으로 진행할 수 있는가?'에 대한 질문에 답을 찾고자 했다. 그러기 위해서는 원격 커뮤니케이션 미디어가 비언어 관찰 연구 방법을 통해 컬래버레이션의 결과와 대화자들에게 어떠한 영향을 미치는지를 연구하는 것이 중요했다. 산업 문제는 대화자들이 같은 환경을 공유할 수 있는 가상현실에서 컬래버레이션 시스템을 사용자 측면에서 발전시킬 수 있는지를 밝혀내는 데 달려 있었다. 그래서 나는 오랫동안 다양한 사람들의 다양한 제스처와 모방을 관찰했다.

그다음으로는 대화자와 상황에 따라 사람들이 특정 커뮤니케이션 미디어(전화, 문자, 이메일)를 선택한 이유에 대해 연구했다. 프랑수와즈 데티엔느(Françoise Détienne)와 베아트리스 카아워(Béatrice Cahour)와 공동으로 텔레콤 파리 테크(Télécom Paris Tech)의 인문 사회 과학 연구팀에서 일했다.

그 후 나는 잠시 연구를 그만두고 스타트업 기업인 KMB 파트너스에서 사용자 경험 디자인 팀을 맡았다. 창립자이자 경영자인 레미 빌더르스(Rémy Wilders)는 매우 혁신적이면서도 유용한 전문 웹 사이트를 만드는 다양한 방법을 구상했다. 그때가 2010년이었다.

이런 경력을 쌓고 난 후에서야 나만의 회사를 만들고 싶다는 생각이 들었고 바로 낭트(Nantes)로 향했다. 또한, 이 시기에 첫 책인《재택근무 관리하기(Manager le télétravail)》를 쓰면서 커뮤니케이션 미디어 사용에 대한 나의 연구들을 보완하는 차원에서 재택근무의 장점과 한계, 이용법, 효과적인 실행 방법에 대한 대규모 조사들을 진행했다.

b<>com 기술연구센터에 들어가면서 응용 연구와 다시 연을 맺었다. 센터에서 스타트업 기업들이 약점을 발견하고 극복할 수 있도록 돕기 위한 플랫폼 프로젝트 개발에 참여했다. 이러한 스타트업 기업에 특히 위험한 자세가 "우리가 모르는 것이 무엇인지 모르는 것"이다. 이를 방지하기 위해 프로젝트가 불발에 그칠 위험을 감수하더라도 이 혁신 제작소의 특정 매개 변수를 빠뜨리지 않는 것이 중요하다.

이 임무를 완수한 후 전문가를 위한 강의와 교육을 통해서 나의 지식을 전수하며 커리어를 이어갔다. 유자빌리(Usabilis) 연구실을 위한 교육 과정을 이끌었고 프랑스 국립공예원과 낭트아틀랑티크 디자인학교에서 인간 공학을 가르치기도 했는데, 이곳에서 다양한 수준의 일부 교과 과정을 함께할 기회가 있었다. 학교로 다시 돌아가면 항상 나의 실무 능력과 교육 방식을 발전시키고자 하는 원동력이 생긴다. 프리랜서로서 기업을 위한 UX 전략 고문 활동도 꾸준히 하고 있다.

이 책이 제시하는 것은?

경험은 세상과의 상호 작용을 의미한다. UX 디자인 분야에서 우리는 경험에 관심을 쏟는다. 애플리케이션이나 인터넷 사이트, 그 외 서비스들의 유용성 너머에 사용 여건, 물리적 사회적 환경, 자신과 세상의 상징적 표상의 관계가 상시 존재할 것이다.

중요한 것은 여러분이 사용자들에게 적절하고 특화된 실질적인 경험을 제안하고 그들의 기대와 바람, 이용법을 사용자가 시험해 보기도 전에 예상하는 것이다.

따라서 모든 여건과 환경, 사용자를 위한 만병통치 식의 '비법'을 단순히 적용하려 해서는 안 된다. 경험은 항상 특수한 것이어서 모든 경우에 '효과적인' 디자인을 만들기란 쉽지 않다. 그래서 과학보다는 연금술에 가까울 것이다. 하지만 심리학을 중심으로 한 인문 과학, 행동 과학, 본질적으로는 경험 과학을 기초로 하면 이러한 연금술을 구상하기가 더욱 쉬워질 수 있다.

나는 고등학교에서 학생들을 가르쳤다. 내가 학생들에게 가르친 것은 학교를 떠날 때뿐만 아니라 향후 20년 동안 반드시 유용하게 쓰여야 한다는 것이다. 그런데 그 20년 동안 UX 디자인의 기본 원리가 어떻게 바뀔지 누가 알 수 있을까?

아무도 모를 것이다.

인간인 우리는 바뀌지 않는다. 극소수만이 바뀐다. 20년 후에도 우리는 여전히 같은 방식으로 주변을 지각하고 사유하며 기억해서 오늘날과 같은 인지적 경향에 민감할 것이다.

따라서 나는 이 책이 인간의 인지적, 감정적 기능의 본질을 보여주길 바란다. 그러면 20년 후, 아니 더 이후에도 독자들은 UX 디자인의 현재 원칙들을 넘어서 미래의 원칙들도 확대 적용할 수 있을 것이다.

여러분은 흥미롭고 놀라우며 선험적인 직관에는 반대되는 과학적 경험들을 통해 효과적인 실전법을 강화하게 될 것이다. 인간 행동을 잘 파악하면 오늘날뿐만 아니라 방식이나 기술은 거의 중요하지 않게 될 미래에도 뛰어난 UX 디자이너가 될 수 있다. 사용자 경험 디자인의 심리학적 수단을 잘 활용한다면 여러분은 언제나 앞서나가게 될 것이기 때문이다.

누구를 위한 책인가?

여러분의 사용자 혹은 고객에게 최상의 경험을 제공하고자 하는가?

UX 디자이너, 혁신 담당자, 제품 및 마케팅 담당자, 디지털 기업 매니저, 개발자, 고객 담당자 등 여러분의 직업과 관련 없이 이 책은 여러분에게 디자인 작업을 위한 분석표와 다양한 해법을 확장할 수 있는 실마리를 제공할 것이다.

어떻게 읽을 것인가?

인터랙티브 자료처럼 읽을 수 있도록 책을 구성했다.

여러분이 원하는 정보만을 찾아 활용할 수 있다. 33가지 원칙들로 구성되어 있는데 각각의 원칙에서 주요 요점은 '핵심 정리'로 요약했다. '이론'과 '적용하기'를 참조하면서 읽는다면 한층 더 효과적일 것이다. 만약 더 자세히 알고 싶은 사항이 있다면 '참고 문헌'에 등장하는 자료들을 참조하자.

이 책을 소설처럼 처음부터 끝까지 전체를 읽을 수도 있을 것이다. 디자인의 세 단계에 적합하게 1, 2, 3부로 나눠 논리적으로 책을 구성했다.

1. 시선을 사로잡아라: 기초
2. 마음을 움직여라: 완벽
3. 참여를 이끌어 내라: 최종완성!

경험을 디자인할 때 어떤 경험을 제공할 것인지를 분명하게 정하고 명확한 메시지를 전달하는 것이 중요하다. 여러분의 생각이 사용자들의 생각과 일치하고 시선을 끄는 화면을 구성한다면 사용자의 관심과 주목을 받게 될 것이다. 사용자들을 설득하기 전 넘어야 할 첫 단계는 시선을 사로잡는 것이다.

그런 다음 경험을 기억하게 하고 기억 속에 그 흔적이 오래 남도록 해야 한다. 더욱 강렬한 영향을 주기 위해서 경험을 어떻게 디자인해야 할까? 아마도 2부에서 그 해답을 찾을 수 있을 것이다. 주의와 기억이 어떻게 작용하고 이 둘을 자극하는 것은 무엇인지 파악해야 강렬하고 기억에 오래 남는 경험을 제공할 수 있다.

마지막 단계로 사용자의 참여를 이끌어 내자. 여러분은 이제 시선을 사로잡고 사용자의 마음을 움직이는 방법을 알았다. 남은 것은 사용자들의 충성도를 구축하는 것이다. 설득을 위한 사회적 영향력, 감정을 불러일으키기 위한 휴먼 인터페이스를 활용해 최종적으로 사용자의 참여를 이끌어 내고 행동을 변화시키기 위해 설득력을 높이는 것이다.

이 책에서 필요한 부분만 찾아서 읽든, 처음부터 끝까지 단숨에 읽든 나는 이 책이 여러분에게 최고의 책이 되길 바란다!

감사의 말

이 책을 처음 계획한 순간부터 나를 지지해 준 나의 남편 요리스(Joris)와 부모님, 친구들에게 감사의 말씀을 전한다. 나에게 용기를 주고 기간 내 책을 낼 수 있다며 안심시켜 준 미셸(Michéle)에게도 감사하다.

나의 지식이 정체되지 않도록 도와준 것은 바로 나의 고객들과 학생들, 교과 과정에서 나를 따라와 준 사람들이다. 이분들에게 감사 인사 정도로는 충분하지 않을 정도다.

출판사에 연락할 수 있도록 도와준 카린 랄르망과 나의 프로젝트를 지지하고 나에게 무한한 신뢰를 보내준 편집자 알렉상드르 아비앙(Alexandre Habian)에게도 감사 인사를 전한다. 더불어 나빌 탈만에게 추천의 말을 부탁했을 때 흔쾌히 승낙해서 더없이 기뻤다. 일부 사례를 제공하며 보이지 않는 곳에서 도와준 로렌스(Laurence), 미카엘(Mikaël), 아드린느(Adeline)도 감사하다.

세상에 나올 그날만을 끈기 있게 기다리며 프로젝트가 진척될 수 있도록 동기를 부여해 준 아들 앙리(Henri)도 빼놓을 수 없다.

마지막으로 여러분, 나를 믿고 이 책을 선택한 친애하는 독자들에게 감사하다. 이 책에서 여러분이 원하는 것뿐만 아니라 그 이상도 발견하길 바란다. 여러분에게 좋은 경험을 제공하는 매체가 되길 바라며 33가지 원칙들을 담았다.

자 그럼 이제 편히 앉아서, 좋은 독서가 되기를!

목차

3부
참여를 이끌어 내라

1부

시선을 사로잡아라

눈길을 끄는 디자인은 명확하다. 분명한 메시지를 전달하고
시선을 끄는 화면을 구성하며 사용자 논리에 상응하는 것이다.
이러한 요소들이 바로 사용자의 주의와 관심을 불러일으킨다.
이 첫 번째 단계를 넘어야 사용자들을 설득할 수 있다.

1장
화면 구성하기

이 장에서 배울 것

효율적으로 구성된 인터페이스나 시스템은 잘 정돈된 집과 같다. 그런 집 안에서는 어떤 물건을 찾을 때, 그 물건이 어디에 있는지 즉시 떠오르기 마련이다. '세상 모든 것이 저마다의 자리가 있다.'는 말처럼 말이다. 그래서 제공하는 정보를 적재적소에 잘 정리하기 위해서는 사용자의 인지 작용을 파악해야 한다.

사용자의 심리는
디자인의 기본이다

이론

기억 정보의 구조화

정보는 우리의 뇌 속에 마구잡이로 저장되지 않는다. 그렇지 않고서야 어떻게 우리가 그 안에서 정보를 찾아낼 수 있겠는가? 우리의 머릿속에는 무수한 정보가 가득하다. 할머니가 직접 만든 할머니 표 음식의 냄새부터 이등변 삼각형의 정의까지도 뇌 속에 저장되어 있다. 무수한 정보 속에서 빠르게 해당 정보를 찾아내기 위해서는 튼튼한 정리 체계가 필요하다.

콜린스(Collins)와 퀼리언(Quillian)은 이론(1969)을 통해 정보가 뇌 속에 위계적으로 구조화된다는 것을 제시했다.

예를 들어 연어라는 개념은 물고기의 하위 개념으로 분류되어 있고 물고기는 동물의 하위 개념으로 분류되어 있다. 각각의 개념을 묶는 기준은 특성이나 속성이다. 동물은 움직일 수 있고 물고기는 지느러미가 있으며 연어는 강을 거슬러 올라가는 등의 특성을 의미한다. 마치 아이가 세상을 발견하고 점차 머릿속으로 세상을 다시 그려보는 것과 같은 단계를 거치는 것이다.

따라서 우리의 기억은 동물은 움직이고 먹고 호흡한다는 것과 같은 공통된 특징을 기준으로 전체를 여러 링크로 연결한 개념 노드로 구성되어 있다.

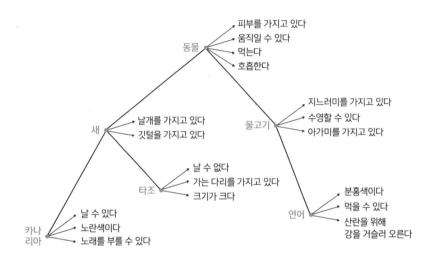

그림 1-1 기억 속 개념 노드의 구성

적용하기

화면 구성과 탐색을 간소화하는 데 더욱 효과적인 방식은 사용자가 기억 속에 정보를 정리하는 방식이다.

따라서 사용자에게 적합한 요소들을 묶어서 인터넷 페이지를 시각적으로 구성해야 한다. 몇몇 정보를 (**연어와 송어**처럼) 같은 곳에 저장하는 것이다. 그러면 사용자들이 자신의 위치를 찾거나 여러분의 사이트로 찾아가는 데 길잡이가 될 것이다.

쇼핑 사이트의 경우 더욱 광범위한 카테고리에 따라 제품을 분류해야 한다. 도서 관련 사이트라면 **소설, 교과서, 예술** 등의 범주처럼 넓은 분류로 정렬해야 한다.

사용자는 관심 있는 정보를 검색할 때 몇 가지 가설을 세우게 된다. 가령, 필자가 가구 및 인테리어 제품 판매 사이트에서 거실 조명에 어울릴만한 전등갓을 찾고 있다고 하자. 사이트에서 품목별로 카테고리를 분류해 놨다면 어울리는 전등갓을 찾기 위해 **조명** 메뉴를 선택할 것이다. 반면, 품목이 아닌 실(室)별로 구분해 놨다면 **다이닝룸**이나 **거실** 카테고리에서 전등갓을 찾을 것이다. 거실의 전등갓을 고를 때까지는 이처럼 여러 관문을 거쳐야 한다.

사용자는 이러한 방식으로 기억 속에서 의미상의 유사점을 통해 정보를 찾아내는데, 이러한 정보는 개념 간의 특징이나 속성을 기준으로 개념 노드를 구성하며 위계적인 방식으로 구조화되어 있다.

기억 속의 개념 노드의 구조는 우리가 구현한 세상에 따라 달라질 수 있다는 점에 유념해야 할 것이다. 우리의 문화뿐만 아니라 직업, 습관 등도 변수가 된다. 그래서 화면이나 조닝(Zoning, 지역화) 형태로 정보를 구조화할 때는 타깃 사용자가 기억 속에 개념을 어떻게 배치하고 있는지를 확인해야 한다.

예를 들어, 여러분이 오디오북을 판매하는 사이트에서 일한다면 사용자들이 정보들 속에서 어떤 위계적 순서를 거쳐 원하는 오디오북을 찾는지 검토해야 한다. 이에 대한 해답으로는 카드 분류법이 안성맞춤이다. 이 방법으로 더 많은 정보를 얻으려면 랄르망(Lallemand)과 그로니에(Gronier)가 집필한 저서(2018)를 참조하자.

핵심 정리

- 기억 정보는 사용자에게 의미 있는 특성과 속성에 따라 위계적으로 분류된 개념으로 묶여 구조화된다.
- 개념은 여러 길을 통해서 접근할 수 있다(전등갓을 찾기 위해 필자는 거실이나 조명을 검색해 볼 수 있다).
- 기억 속 개념 노드의 구조는 우리의 문화뿐만 아니라 직업, 습관 등에 영향을 받는다.
- 타깃 사용자들이 카드 분류법을 사용하여 기억 속에 정보를 구조화하는 방식을 확인하자.

인종 차별주의자거나 인종에 대한 편견을 가진 사람을 어떻게 구분할 수 있을까? 암묵적 편견 테스트(IAT, Implicit Association Test)를 통해 개념 노드에서 요리를 여성과, 집수리를 남성과 연결짓는다면 그 사람을 파악하는 데 도움이 될 것이다.

암묵적 연합 테스트는 실험 참가자의 기억 속에 개념들이 어떻게 묶여 있는지 그리고 어떤 편견이 깊게 박혀 있는지를 파악할 수 있는 테스트다. 예를 들어 실험 참가자는 국기, 대표 요리, 정치인 등 프랑스나 미국과 관련 있는 단어나 사진을 화면으로 확인한다.

1단계: 참가자는 미국과 관련 있다고 생각하는 개념을 확인했을 때는 왼쪽 화살표를 누르고 프랑스와 관련 있다면 오른쪽 화살표를 누른다.

2단계: 그다음에는 **좋은 점(기쁨, 사랑, 환호 등)**과 나쁜 점(독, 악용, 고통 등) 카테고리와 관련된 개념이 나타난다. 좋은 점이 나타나면 왼쪽 화살표를, 나쁜 점에는 오른쪽 화살표를 누른다. 하지만 참가자는 이와는 반대로 좋은 점에는 오른쪽 화살표를, 나쁜 점에는 왼쪽 화살표를 누르게 될 수도 있다.

만약 참가자가 미국과 좋은 점을 연결하는 데 걸리는 시간보다 나쁜 점과 연결하는 데 걸리는 시간이 더 짧다면 이 참가자는 미국에 부정적인 편견을 가지고 있는 사람이다. 즉, 부정적인 단어가 나타날 때 (1단계에서 왼쪽 화살표는 미국과 관련이 있었으므로) 왼쪽 화살표를 누르는 데 걸리는 시간보다 오른쪽 화살표를 누르는 데 걸리는 시간이 더 짧은 경우다. 미국과 프랑스의 예시는 남성-여성, 피부색이 옅은 사람-피부색이 짙은 사람, 마름-비만 등과 같은 예시로 대체할 수 있다. 이 테스트는 인종이나 성별에 대한 편견을 드러내지 않아야 한다는 사회적 합의를 넘어서 기억 속에 자리 잡은 개념의 연합을 감지하고 그 관계를 확인시켜 준다.

체형, 나이, 국가, 성적 취향 등에 대한 편견에 예민한 사람인지 책 뒷부분의 더 나아가기에 수록되어 있는 링크를 통해 실험해 볼 수 있다.

자신 있게 시도해 볼 수 있겠는가?

사용자의 시선을 유도하라

이론

게슈탈트 이론에 따르면 뇌가 형태를 어떻게 인지하는지 알려면 요소 전체를 파악해야 한다. 이 이론은 전체는 부분의 합보다 크다는 가설에서 출발한다. 즉, 요소들은 단순히 병렬 구조로 인식되는 것이 아니라 전체로 인식된다는 것이다. 사용자의 시선을 어떻게 유도할 수 있을지 파악하는 데 도움을 줄 몇 가지 법칙들을 아래에서 살펴보자.

게슈탈트 법칙

우선 게슈탈트 법칙에 따르면 우리의 뇌는 의미를 만들기에 적합하다. 형태 없이 부분으로 이뤄진 전체는 선험적으로 하나의 형태를 이룬 것처럼 인식되는 경향이 있는 것이다. 가령 우리가 구름을 보고 특정한 형태를 떠올리는 것과 같다.

근접성의 법칙

근접성의 법칙은 더 가까이 배치되는 요소들을 연관 짓거나 전체로 인식하는 경향을 의미한다. 다음의 예를 보면 우리는 가장 가까운 점들을 모아서 한 그룹처럼 묶는다. 따라서 아래의 그림은 우리에게 분리된 세 개의 그룹으로 보인다.

유사성의 법칙

유사성의 법칙에 따르면 시각적으로 유사한 요소들은 자동으로 결합한다. 우리는 다음 그림을 보자마자 비슷한 색의 점들끼리 그룹을 만들게 된다. 이러한 현상은 색, 형태, 움직임 등에 따라서도 나타날 수 있다.

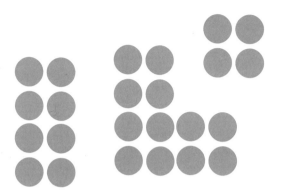

그림 1-2 근접성의 법칙 예시

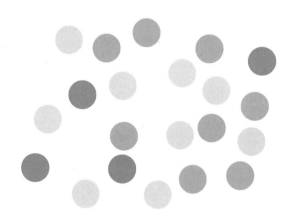

그림 1-3 유사성의 법칙 예시

적용하기

사용자는 인터넷 페이지(사이트, 소프트웨어, 모바일 애플리케이션)를 열면 페이지를 구성하는 요소 하나하나를 보는 것이 아니라 우선 페이지 전체를 훑어본다. 이를 통해 화면의 전반적인 구성을 추론하고 전체를 파악한다.

따라서 사용자의 시선을 끄는 것은 바로 화면 구성 방식이다. 여러분이 화면 전체를 어떻게 구성하느냐에 따라 사용자의 시선을 잡아두거나 놓치게 되는 것이다.

제목, 메뉴, 아이콘 등의 표제를 채 읽기도 전에 (메뉴, 텍스트, 이미지 등) 페이지를 파악하는 첫 번째 단계가 바로 정보의 구조다.

요소들을 한 그룹으로 묶는 것은 바로 근접성의 법칙과 유사성의 법칙 때문이다.

〈타임스〉의 홈 화면(그림 1-4)을 살펴보자. 여러 인터넷 창, 이미지, 텍스트가 거대한 복합체를 이룬다. 그러나 사용자의 시선은 넓은 영역들에 머문다.

- **큰 제목 부분**
- **긴 세로 부분**
- **분할된 기사들**…

인터넷 페이지에 배치된 요소들의 정렬 방식에 중점을 둬야 한다. 효과적인 방법은 주제별, 예를 들어 현안, 공고, 기사 등이나 과학, 역사 등의 요소들을 시각적으로 정렬하는 것이다. 시각적으로 (색이나 형태가 유사하고) 근접한 요소들을 묶어서 그룹을 만들고 그 외의 요소들은 멀리 두자. 그러면 사용자는 여러분의 인터넷 페이지 전체의 구성을 파악하고 더욱 쉽게 방향을 잡을 수 있을 것이다.

그림 1-4
〈타임스〉홈 화면

핵심 정리

- 사용자들은 인터넷 페이지를 열면 우선 페이지 전체를 훑어보고 이를 토대로 파악할
  정보의 구성을 추론한다.
- 정보를 의미 있고 넓은 영역으로 구성하고 사용자들이 시각적으로 유사한 요소(색,
  크기, 형태)를 통해 식별할 수 있도록 하자.

효과적인 애니메이션을 이용하라

이론

중심와 시각과 주변시

우리가 외부 세계에서 인식하는 이미지들은 망막에 상으로 맺힌다. 망막은 중심와와 주변시 두 부분으로 나뉜다.

중심와는 안구 안쪽에 위치한 망막의 아주 작은 부분을 말하며 직경은 0.4㎜ 정도다. 중심와 덕분에 우리는 시각 2~4° 사이에서 사물을 명료하게 볼 수 있고 글을 읽고 사물이나 사람을 자세히 인지할 수 있다.

주변시는 중심와를 둘러싼 부분을 의미한다. 사물을 희미하게 보지만 주위를 인지하고 이에 반응하는 데 꼭 필요한 부분이기도 하다. 주변시는 특히 색, 움직임, 밝기에 매우 민감하다.

> 테스트해 보기 : 양손을 얼굴 높이만큼 들고 양쪽으로 벌린 다음 얼굴로부터 30㎝ 간격을 유지한다. 그 상태로 자세를 고정한 채 움직이지 않는다면 손은 보이지 않는다. 그런데 두 손을 움직일 경우에는 금세 손을 인지하게 된다. 이를 통해 주변시가 움직임에 매우 민감하다는 것을 알 수 있다.

적용하기

주변시가 움직임과 색에 민감하기 때문에, 화면 가장자리에 움직이거나 다채로운 색상의 이미지가 있다면 글을 읽는 데 방해가 될 수 있다. 가령, 동영상은 가까이 위치한 정보들을 읽는 데 집중할 수 없게 만든다.

15년 전, 필자가 처음으로 연구를 시작했을 때 많은 웹 사이트들이 GIF 애니메이션으로 화면을 '도배'해놨다. 그래서 인터넷에서 글을 읽는 데 이러한 GIF 파일들이 방해되는지 알아보는 실험을 했다. 그 결과, GIF 애니메이션이 텍스트의 왼쪽에 위치했을 때가 텍스트의 아래에 있을 때보다 집중하는 데 더욱 방해됐다(Lefebvre & Jamet, 2004).

이를 고려한 두 가지 방법이 있다.

산만하지 않은 화면

사용자가 화면에서는 보기 편하지 않은 (원칙 5 참조) 글을 읽거나 정보 검색 등의 다른 작업에 집중해야 할 때는 GIF 애니메이션으로 화면을 도배해서는 안 된다.

만약 이익을 창출하는 GIF 애니메이션이라면 정보를 연속으로 배열하도록 하자. 사용자가 글을 읽은 후 GIF 애니메이션을 클릭하거나 혹은 그 반대 순서로 하도록 하는 것이다. 이런 경우 콜 투 액션(CTA, Call to Action) 버튼을 배치해 사용자의 반응을 유도하는 것이 좋다.

> 콜 투 액션은 사용자가 반응하도록 유도하는 것을 의미한다. 일반적으로 웹 코드로 강조된 아이콘이나 링크를 이용한다.

시선을 끄는 화면

주변시를 이용해 사용자의 시선을 잡아둘 수 있다. 예를 들어 깜빡이는 요소나 유색 메시지는 주의를 끄는 데 효과적이다.

그림 1-5 유튜브 메뉴 바에 있는 유색 메시지

이러한 정보들은 화면 정중앙에 있을 때가 아닌, 가장자리에 있을 때 사용자들의 시선을 끈다. 빨간색은 주변시 때문에 사용자들의 눈에 띄기 쉽다.

핵심 정리

- 우리 시각에는 두 가지 시스템이 있다. 안구의 중앙에 있는 중심와로 사물을 명료하게 볼 수 있고 글을 읽거나 주위를 자세하게 인지할 수 있다. 주변시는 흐릿하게 보이지만 색, 움직임, 밝기에 매우 민감하다.
- 애니메이션과 최소한의 집중력이 요구되는 활동은 연속으로 배치해 주의를 분산시키지 않도록 하자.
- 화려한 색이나 움직임을 이용해 알림을 눈에 띄게 하자.

접근하기 쉬운 아이콘을 만들어라: 피츠의 법칙

이론

여러분이 화면상에서 마우스로 달리기 시합을 한다면 다음 중 어떤 경우에 목표에 가장 빨리 도달할까?

- **목표가 가장 가까이에 있을 때?**
- **목표의 크기가 더욱 클 때?**

모두 정답이다!

만약 직관적으로 멀리 있는 목표에 더 늦게 도달하리라 생각했다면 목표의 크기에 대해서는 그만큼 직관적으로 생각하지 못한 것이다. 이는 사실로 증명되면서 피츠의 법칙(Fitts' law)의 시발점이 되었다. 피츠의 법칙은 관찰에 기반을 둔 수학 법칙으로 여러 실험을 통해 증명되었다. 피츠의 법칙에 따르면 목표에 도달하는 속도는 목표까지의 거리와 목표의 크기에 따라 달라진다.

$$T = a + b \log_2(1 + D / L)$$

- T는 동작을 끝낼 때까지 걸리는 평균 속도다.
- a와 b는 실험 상수로 다양한 환경이나 사람에 적용된다. 예를 들어 이 법칙은 마우스, 컨트롤러, 터치패드, 시선 추적(Eye-tracking)뿐만 아니라 공기 중이나 물속에서 걸

을 때도 적용된다. a와 b는 매번 바뀐다.

- D는 출발점에서 목표 중심까지의 거리다.
- L은 움직이는 방향의 축을 기준으로 한 목표의 폭을 의미한다. 최종 목표에 도달할 때의 허용 오차이기도 하므로 목표 중심의 ±2분의 L이다.

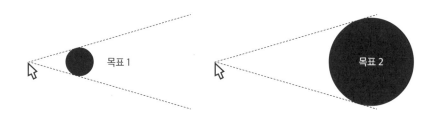

같은 난이도 ──→ 같은 어려움

그림 1-6 피츠의 법칙에 따르면 커서가 두 목표에 도달하는 시간은 같다.

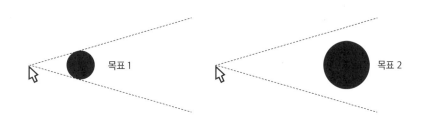

더 높은 난이도 ──→ 더욱 어려움

그림 1-7 피츠의 법칙에 따르면 목표 2에 도달하기 더욱 어렵다.

적용하기

피츠의 법칙에서 기억해 두어야 할 몇 가지가 있다. 무엇보다 목표를 아무리 크게 만들어도 지나치지 않다는 점이다.

따라서 **장바구니에 담기**나 **검색하기**처럼 자주 클릭하고 인터넷 페이지에서 중요한 아이콘이나 부분들은 주저하지 말고 크게 만들자.

클릭 영역이 출발점에서 가깝다면 크기가 작아도 무방하다. 소프트웨어 메뉴가 이런 경우에 속한다. 워드 프로세서(Word, OpenOffice 등)를 생각해 보자. 메뉴들은 서로 가깝게 배치되어 있고 클릭 영역은 작지만 충분한 크기다. 메뉴를 열었을 때 목표가 가까이 있기 때문이다.

화면 가장자리 주변에 작은 클릭 영역을 배치할 수도 있다. 사용자들이 만약 마우스를 사용한다면 그 가장자리를 기준으로 커서를 움직이기 시작할 것이기 때문이다. 이와 동시에 주의해야 할 것은 사용자들이 여러 개의 화면 창을 이용하는 경우 문제가 생길 수도 있다는 점이다.

피츠의 법칙은 주변기기(모바일, 컴퓨터 화면, 태블릿 등) 사용 시, 커서의 출발점에 따라서 일부 영역에 다소 도달하기 어렵다는 점도 제시한다.

이동 중에 스마트폰을 잡는 방식에 대한 연구를 살펴보자.

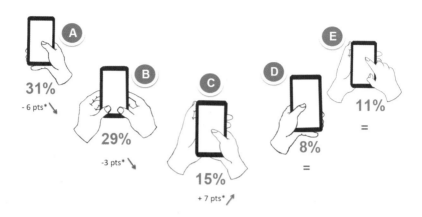

그림 1-8 탈만(Thalmann)의 연구에 제시된 스마트폰을 사용하는 다섯 가지 주요 방식 (기본 동작에 필요한 시간을 구한 후 이 소요 시간을 적용하여 작업 표준 시간을 설정하는 방법)

대부분의 경우 사용자가 가장 빨리 도달하는 영역은 사용자에게서 가장 가까운 영역 즉, 화면의 하단임을 알 수 있다(그림 1-8). 이는 횟수가 빈번하고 중요한 동작(확인하기, 취소하기 등)은 이 영역들에서 이뤄짐을 보여준다.

핵심 정리

- 목표의 크기가 클수록 사용자가 목표에 도달하는 시간은 줄어든다. 따라서 아이콘이나 링크는 특히 인터페이스에서 중요한 요소일 경우, 충분히 크게 만드는 것이 효과적이다.
- 목표가 출발점에서 가까울수록 사용자가 목표에 도달하는 시간은 줄어든다. 따라서 목표를 서로 가깝게 배치하는 것이 효과적이다.
- 사용자가 화면에 배치된 다양한 클릭 영역에 도달하는 방식을 고려하자. 필요한 경우 테스트를 실행해야 한다.

피츠의 법칙으로 연구자들(Bachynskyi et al., 2015)은 다양한 주변 기기(태블릿, 컴퓨터 화면, 터치스크린)에서 클릭 동작을 비교했다. 주변 기기들을 서로 비교하고 분류하기 위해 주변기기를 조작할 때 근육의 움직임도 확인했다.

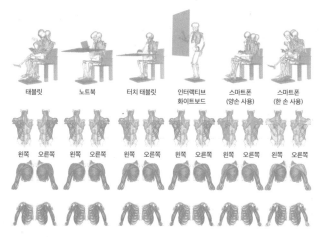

그림 1-9 **각각의 주변 기기 사용과 관련된 자세(위)와 사용 시 근육의 움직임(아래)**

태블릿은 클릭 동작이 효율적이지 않았고 목에 무리가 가지 않도록 바른 자세로 교정해야 장시간 사용에 적합했다. 노트북은 효율적이지는 않았지만, 장시간 사용에는 적합했다. 터치 태블릿의 경우, 높은 효율을 보였지만 바른 자세를 취할 수 있도록 도와주는 받침대가 없을 때는 장시간 사용에 적합하지 않았다. 인터랙티브 화이트보드는 매우 효율적이었지만 장시간 사용에는 적합하지 않았다. 스마트폰을 양손으로 사용한 경우는 매우 효율적이었지만 장시간 사용에는 적합하지 않았다. 스마트폰을 한 손으로만 사용한 경우는 비효율적이지는 않았지만, 마찬가지로 장시간 사용에는 적합하지 않았다.

2장

가독성 높은
텍스트

이 장에서 배울 것

가장 기본은 사용자의 시선을 유도하는 것이다. 이에 앞서
가독성 있는 텍스트가 보장되어야 한다. 필자는 많은 사이트와
애플리케이션이 이러한 필수조건을 무시하는 것을 봐왔다.
이번 장에서는 텍스트의 크기, 색, 폰트를 통해 편하게 책을 읽을
수 있는 방법들을 알아볼 것이다. 우리 눈이 어떤 기능을 하는지
그리고 정보 습득과 독서를 감독하는 메커니즘은 어떻게 작용하는지
에 대해서도 살펴본다. 이를 통해 여러분은 특히 화면에 적합한
형태와 텍스트가 무엇인지 파악할 수 있다. 이 장을 마치면
여러분은 더욱 가독성 있고 매력적인 화면을 구성할 수 있을 것이다.

원칙 5

컴퓨터 화면으로
글을 읽는 것의 고충

이론

단속성 운동과 주시

글을 읽는다는 것은 일상적인 행위다. 그런데 우리가 책을 읽을 수 있기까지 수년이 걸렸다는 점을 한번 떠올려 보자. 우리는 유년 시절부터 독서를 생활화했음에도 여전히 독서는 복잡한 행위다.

글을 읽을 때 우리의 눈은 단속성 운동과 주시를 반복한다. 이 모든 것은 (사물을 가장 명료하게 볼 수 있는 망막, 원칙 3 참조) 중심와에서 일어난다.

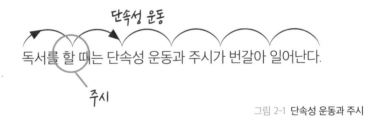

그림 2-1 **단속성 운동과 주시**

단속성 운동은 눈이 중심와에 단어를 고정하기 위해 움직이는 것이다. 단속성 운동은 고속으로 일어나기 때문에 우리는 인지할 수 없다.

- 한 단어에서 다른 단어로 이동까지 1,000분의 20초
- 다음 줄로 이동할 때 1,000분의 80초

주시는 정보를 이해하기 위해 눈이 단어에 정지하는 것을 의미한다. 주시는 약 4분의 1초로 다소 길게 유지되는데 이때 눈은 한 번에 4~5글자를 포착한다. 하지만 다독자의 경우 글의 내용을 파악하기 위해 각각의 글자를 포착할 필요가 없이 첫 글자와 마지막 글자로도 이해할 수 있다(여기서 잠깐! 참조).

인터넷 페이지에 글을 배치할 때, 특히 텍스트의 길이를 정할 때 이 점에 유념하자.

매리 다이슨(Mary Dyson)은 연구(2004)에서 화면으로 글을 읽을 때 어떤 텍스트가 효과적인지를 보여줬다.

- 사람들은 짧거나 중간 정도의 텍스트 길이를 선호한다(45~72글자).
- 긴 길이의 텍스트를 더 빨리 읽는다면 100여 글자 정도가 효과적이다.

그 이유는 다음 줄로 넘어가는 데 시간이 걸리기 때문이다. 눈이 다음 줄로 이동할 때 단속성 운동과 주시는 멈춘다. 그래서 문장의 길이가 짧은 경우 도중에 호흡하며 읽기가 쉽고 앞서 읽었던 내용을 통합하는 데 효과적이다. 독서 중에는 호흡이 중요하기 때문에 문장은 짧아야 한다.

읽는 속도는 화면으로 글을 읽을 때 *25% 정도 느려지고*[1] 지면으로 읽을 때보다 시각적 피로가 일찍 발생한다. 실제로 화면상의 이미지는 정지한 것이 아니다. 화면은 끊임없이 투사되며 빛을 내뿜는다. 이와는 반대로 지면에서는 빛이 반사된다.

화면 때문에 발생하는 시각적 피로를 컴퓨터 시각 증후군(*Computer Vision Syndrome*)

---

1) 여기서 말하는 화면은 백라이트 화면을 의미한다. 전자책 단말기는 해당하지 않는다.

이라고 한다. 프랑스 국립과학연구센터(CNRS)에서 실시한 티에리 바치노의 연구에 따르면 화면으로 3시간 이상 독서를 할 경우 90%가 눈이 피로하다고 느끼는 것으로 나타났다.

이뿐만이 아니다! 알아보기 힘든 이미지 때문에 읽는 속도가 늦어질 뿐만 아니라 화면으로 글을 읽는 것은 내용을 이해하는 데 영향을 미친다는 연구 결과들도 있다(Mangen et al., 2013).

더구나 학습에서 이러한 결과는 더욱 뚜렷하게 나타났다. 한 그룹의 학생들에게 절반은 화면으로, 나머지는 지면으로 글을 읽게 했더니 지면으로 글을 읽은 학생들이 더 높은 점수를 받고 내용을 공부하는 데 더 긴 시간을 할애하는 것으로 나타났다(Chen & Catrambone, 2015).

따라서 독서는 지면으로 읽었을 때가 더욱 편안하기 때문에 독자들은 화면보다 지면을 더욱 선호한다. 터키의 한 연구자는 6년간 대학생들을 추적 조사했는데 그 후에도 학생들은 여전히 지면을 더욱 선호하는 것으로 나타났다(Kazanci, 2015).

적용하기
화면으로 글을 읽는 것의 특징

내용
- 총체적인 내용으로, 타당성이 있는 텍스트만을 제시한다.
- 가능하면 이미지나 도식, 동영상으로 메시지를 표현한다.

형태

- 화면에 알아보기 힘든 글자들을 제시할 경우, 시각적인 피로를 덜기 위해 텍스트 크기를 적절하게 조절한다.
- 문장은 짧게 구성한다.
- 과감하게 행을 바꾸고 문단을 짧게 구성한다. 말풍선으로 글을 강조하거나 삽화나 여백을 넣어 문단을 나누는 것도 좋은 방법이다.
- 텍스트의 배경은 밝은 색상이 좋다. 반사광이 덜 보이기 때문에 짙은 색상보다 사용자들이 느끼는 피로감이 적다.
- 프랑스 국립안전보건연구원(INRS)에 따르면 파란색은 텍스트나 커서의 색으로 적합하지 않다. 전체 화면에서 인지하기 쉽지 않기 때문이다. 이러한 경향은 나이가 많은 사용자들에게 두드러지게 나타난다.
- 텍스트와 배경의 색 대비를 극대화하고 읽기 편한 폰트로 신중하게 선택해야 한다(원칙 7 참조).

핵심 정리

- 화면으로 글을 읽는 것은 지면으로 읽는 것보다 더욱 고되고 피곤한 행위다. 따라서 이런 방식으로 글을 쓰지 않는 것이 좋다.
- 타당성이 있는 텍스트를 이용하고 내용은 총체적으로 충실해야 한다.
- 글을 부연 설명할 수 있는 삽화를 반드시 활용한다.
- 텍스트의 색은 배경 색과 대비되는 색상을 선택하고 읽기 편한 폰트를 사용한다. 문장은 짧게 하고 문단은 여러 번 나눈다.

여기서 잠깐!

여서기 잠깐! 단어의 가데운에 있는 글들자보다 첫 번째 글자와 마지막 글자가 더욱 중하요. 실로제도 글자의 순서가 엉진망창인 단어를 보라더도 우리는 보마자자 의미를 파한악다. 한번 실해보 험자!

여기서 잠깐! 단어의 가운데에 있는 글자들보다 첫 번째 글자와 마지막 글자가 더욱 중요하다. 실제로도 글자의 순서가 엉망진창인 단어를 보더라도 우리는 보자마자 의미를 파악할 수 있다. 한번 실험해 보자!

이런 방식으로 글자의 순서를 바꿔서 적용해 볼 수 있는 애플리케이션이 있다.

효과적인 텍스트: 배경 대비

신경과 관련된 세포 중에 일부 세포가 대비를 증폭시키는 역할을 한다는 사실을 알고 있는가?

이론

우리 주변의 빛은 어떻게 이미지로 변환되는가?

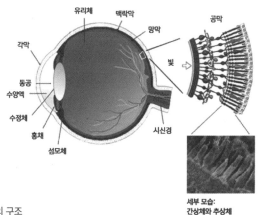

그림 2-2 눈 내부의 구조

메커니즘은 꽤 복잡하다. 빛 정보가 눈을 구성하는 여러 겹의 투명한 구조들, 각막, 수양액, 수정체, 유리체를 관통하면 안구의 안쪽에 위치한 망막에 상이 맺히게 되고 광수용체라 불리는 신경 세포들이 빛을 수용한다.

- 충분히 밝은 경우, 추상체가 색을 구분한다.
- 간상체는 빛에 민감하여 희미한 빛 속에서도 사물을 볼 수 있다.

추상체와 간상체가 빛 정보를 기호화한 후 뇌 속 깊은 곳, 후두부의 시각 피질로 보내면 뇌가 형태, 색, 움직임, 전체적 해석 등의 시각 정보를 처리한다.

망막에 투사되는 이미지는 광수용체의 매끈한 표면이 아닌 수많은 머리 부분이 수용한다. 이때 이미지는 그다지 선명하지 않아서 더 읽기 쉽도록 군집을 이룬 뉴런들이 차이를 극대화한다. 세포 주변이 아닌 한 세포만이 빛을 받는데 이는 주변 세포가 억제되기 때문이다. 이로 말미암아 대비가 증폭되어 대비 효과가 발생한다. 그러므로 대비가 커질수록 그 차이는 시각에 의해 현저하게 두드러진다.

적용하기

텍스트와 배경의 대비

우리는 원칙 5에서 화면으로 글을 읽는 것은 눈을 피로하게 만든다는 점을 살펴봤다. 텍스트와 배경에 색의 대비를 주는 것은 텍스트의 가독성을 높이는 좋은 방법이다. 또한, 밝은 색의 배경은 독서를 더욱 편안하게 한다는 사실도 확인했다. 따라서 흰색 배경에 검은색 텍스트가 눈에 띄는 해법이라고 할 수 있다.

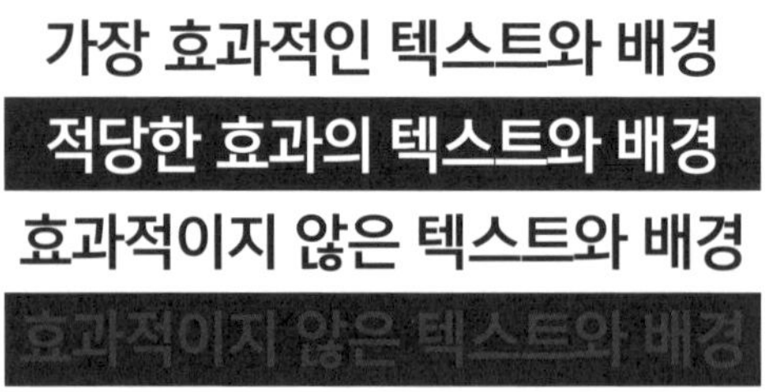

가장 효과적인 텍스트와 배경
적당한 효과의 텍스트와 배경
효과적이지 않은 텍스트와 배경
효과적이지 않은 텍스트와 배경

그림 2-3

텍스트와 배경의 색

취향과 색상에 상관없이 어떤 색상이나 색의 조합은 쉽게 지각하기 어렵다.

- 프랑스 국립안전보건연구원은 텍스트를 강조하는 요소들 중에 파란색은 피하라고 제안한다.
- 보색 조합 또한 사용을 금해야 한다.
  - 주황색과 파란색 / 빨간색과 녹색 / 노란색과 보라색

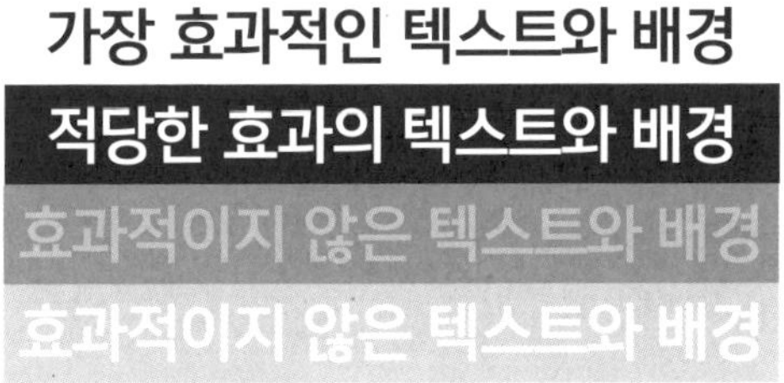

가장 효과적인 텍스트와 배경
적당한 효과의 텍스트와 배경
효과적이지 않은 텍스트와 배경
효과적이지 않은 텍스트와 배경

그림 2-4

폰트의 크기

화면에서 폰트의 크기는 가독성을 결정하는 중요한 역할을 한다. 글자 크기가 클수록 글자와 배경의 색상, 더불어 폰트도 자유롭게 설정할 수 있다.

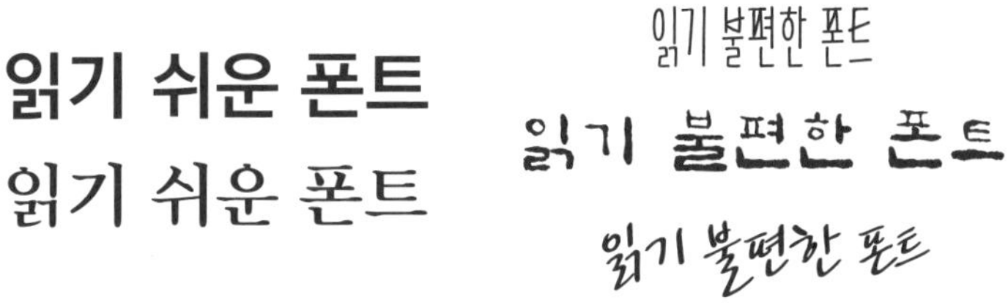

읽기 쉬운 폰트
읽기 쉬운 폰트

읽기 불편한 폰트
읽기 불편한 폰트
읽기 불편한 폰트

그림 2-5

핵심 정리

- 특히 글자가 작을 때는 흰색 배경에 검은색 글자가 효과적이다.
- 텍스트와 배경의 대비 효과는 항상 강조되어야 한다.
- 텍스트와 배경의 보색 대비와 파란색 글자의 사용은 피한다.

여기서 잠깐!

우리를 다음과 같은 착시 현상에 빠뜨리는 것은 바로 대비 효과를 증폭시키는 눈의 특수한 세포들이다.

그림 2-6 왼쪽 원이 더 밝아 보인다.

왼쪽 원이 오른쪽 원보다 더 밝게 보이는가?

실제로 두 원의 색은 같지만 어두운 배경 안에 있는 회색 원이 밝은 배경 안에 있는 원보다 더 밝아 보인다. 특수한 세포들이 이러한 대비 효과를 증폭시키기 때문이다.

타이포그래피로 가독성을 높여라

이론

우리는 글을 읽을 때 각각의 단어 중앙으로 시선을 옮겨가며 글의 내용을 파악한다. 이를 주시라고 한다(원칙 5 참조).

화면으로 글을 읽을 때도 각각의 단어에 주시해야 한다. 하지만 알아보기 힘든 폰트가 쓰인 경우에는 단어마다 두 번 혹은 그 이상 주시해야 할 때도 있다. 사용자에게 시각적 피로감을 더해주는 셈이다.

적용하기

폰트

폰트는 독서를 돕거나 어렵게 만드는 요소들에 영향을 미친다.

- 글자의 높이
- 글자 간 간격
- 폰트 스타일: 세리프 유무

글자의 크기는 텍스트의 가독성에 결정적인 역할을 한다. 하지만 황금 비율이란 것은 없다. 설정한 폰트에 따라 다르게 지각되기 때문이다.

실제로 같은 크기라도 서로 다른 폰트는 다소 차이가 난다. 가령 x, c, a 등의 작은 글자들은 *x자의 높이*를 고려해야 한다.

간격 또한 가독성을 결정하는 요소다. 간격이 너무 넓거나 좁아도 가독성이 떨어진다.

글자의 크기가 같더라도 폰트에 따라 텍스트의 가독성이 결정된다. 간단히 나이만 고려하더라도 사용자들은 나이가 들어감에 따라 충분히 큰 글자들을 원할 것이다. 두 가지 크기 중에 어떤 크기로 설정할지 고민이라면 더 큰 크기로 설정해야 한다. 그러면 모든 사용자들이 읽기 편할 것이다.

특히 글자 크기가 작은 텍스트의 경우, 일반적으로 폰트보다는 간격과 글자의 높이(x자의 높이)가 글자를 구별하는 데 도움이 되고 독서를 용이하게 한다.

세리프

세리프와 산세리프(세리프가 없는) 두 가지 폰트가 있다. '세리프'가 있는 폰트는 Times New Roman 폰트처럼 획의 일부분이 돌출된 형태를 말한다.

Times New Roman

그림 2-7 일부분이 돌출되는 세리프가 있는 폰트

둘을 비교해 보면 Arial이나 Calibri 같은 산세리프 폰트가 더 작아 보인다.

세리프 폰트

avec serif

avec serif

avec serif

산세리프 폰트

sans serif

sans serif

sans serif

그림 2-8 **다양한 폰트 스타일**

화면에서는 산세리프 폰트가 더 보기 편한 것으로 널리 알려져 있다. 그런데 세리프 폰트와 뚜렷한 차이는 없다는 것이 여러 연구를 통해 밝혀졌다. 읽기 편한 폰트라는 것은 글자들이 뚜렷하다는 것을 의미한다. 위험을 감수하고 싶지 않다면 Arial, Calibri, Times New Roman처럼 전통적인 폰트를 선택하자.

텍스트의 가독성을 확인하는 간단한 방법은 주변 사람들에게 낭독을 부탁해 보는 것이다. 노인이나 약시인 사람들을 위해 화면의 크기를 조금 줄여서 여백을 남겨두는 것도 방법이다. 만약 낭독하면서 주저하거나 망설인다면 더 읽기 편한 폰트를 적용하자.

폰트 변경

진하게는 읽기 편한 반면 *기울임은 불편하다.*

진하게는 읽기 편한 반면 *기울임은 불편하다.*

진하게는 읽기 편한 반면 *기울임은 불편하다.*

그림 2-9 진하게와 기울임을 적용한 폰트 스타일의 변화

그림 2-9가 모든 것을 설명한다! 진하게는 읽기 편한 반면, 기울임은 불편하다. 글자의 크기가 작을 경우 이러한 현상은 더욱 도드라지게 나타난다. 외국어 삽입이나 참고 문헌 기재, 표현 강조 등의 몇 가지 쓰임에는 물론 기울임이 활용하기 좋을 수 있다. 하지만 기울임은 가독성을 떨어뜨린다는 점을 항상 염두에 두어야 한다. 그러므로 텍스트가 충분히 읽기 편한지 확인한 후 기울임을 적용하되, 필요한 경우에만 드물게 사용해야 한다. 다시 한번 더 강조하건대, 화면으로 글을 읽는 것은 매우 힘든 일이기 때문이다(원칙 5 참조).

핵심 정리

- 가독성이 떨어지는 폰트는 시각적 피로감을 준다. 더욱이 화면으로 글을 읽을 때는 시각적 피로감이 배가 된다.
- 글자의 높이나 간격이 적당한지 확인한다.
- 단어나 문장을 강조하려면 가독성이 떨어지는 기울임을 적용하기보다는 진하게 처리한다.
- 주변 사람들에게 큰 소리로 텍스트 낭독을 부탁해 보면 가독성을 확인할 수 있다.

1499년 이탈리아의 인쇄출판업자 알도 마누치오(Aldo Manuzio)는 종이를 절약하고 당시 무겁고 두꺼운 책의 크기를 줄일 수 있는 방법을 찾았다. 글자의 크기를 줄여 학생들에게 저렴한 가격으로 책을 판매하는 것이었다.

프란체스코 다 볼로냐(Francesco da Bologna)로도 불리는 조각가 프란체스코 그리포(Francesco Griffo)가 기울임을 적용하면서 이 문제를 해결했다. 그 결과, 글자가 더욱 가늘어져 한 줄에 더 많은 글자들을 인쇄할 수 있었다.

이 폰트는 널리 퍼졌고 이탈리아에서 출발했기 때문에 이탤릭체(기울임)라는 이름을 갖게 되었다.

에라스뮈스(네덜란드의 인문학자)에게 기울임은 세상에서 가장 아름다운 폰트다! 이유가 무엇일까? 다음 줄로 넘어갈 때 단어가 끊어지지 않기 때문이다. 이처럼 아름다움이 때로는 인간 공학적이기도 하다.

3장

파악하기 쉬운
디자인

이 장에서 배울 것

결코 우리는 이성적인 존재가 아니다. 단지 이성적인 시각으로 매일 놀라운 선택들을 할 뿐이다. 가독성 있고 매력적인 화면 구성에 대해 알아봤으니 이제 사용자들의 인상에 남는 화면에 대해 알아보자. 우리는 때때로 일반 법칙보다 일화나 예시에 더 예민하기 때문에 우리가 지각한 대로 세상을 표현하기도 한다.

3장에서는 사용자들이 왜 일부 요소들을 지나치고 여러분이 제안한 대로 해석하지 않는지에 대해 살펴보고자 한다.

사용자는 디자이너가 아니다.
각각의 사용자는 자신만의 논리를 가지고 있으므로 이를 발견하고 파악해야 하는 것이 바로 여러분의 역할이다!

일화와 예시를 이용하라

이론

교육학에는 학습자에게 새로운 개념을 이해시키는 여러 가지 방법이 있다. 그중에서 연역법과 귀납법은 새로운 개념들을 이해하는 데 어른이나 아이 모두에게 좋은 방법이다.

연역법

일반적인 사실로부터 특수한 사실을 결론으로 이끌어 내는 것을 의미한다. 원칙 4에서 다뤘던 피츠의 법칙을 예로 들어보자. 이 개념을 이해시키기 위해 필자는 먼저 법칙을 설명하고 아래처럼 두 가지 예시를 제시할 수 있다.

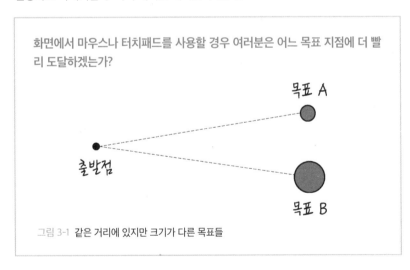

화면에서 마우스나 터치패드를 사용할 경우 여러분은 어느 목표 지점에 더 빨리 도달하겠는가?

목표 A

출발점

목표 B

그림 3-1 같은 거리에 있지만 크기가 다른 목표들

정답! 목표 B에 더 빨리 도달할 것이다.

독자는 필자가 제시한 예시들에 이 법칙을 적용하게 된다. 피츠의 법칙으로 어떤 목표에 가장 빨리 도달할 수 있는지를 추론한다.

귀납법

연역법과는 반대로 특수한 예시들과 경우들이 제시되면 이를 토대로 학습자들은 이에 부합하는 법칙을 도출한다.

가령 필자가 아이에게 참나무, 전나무, 사과나무, 사시나무처럼 여러 형태의 나무를 보여준다고 가정해 보자. 이 네 나무의 높이, 형태, 기능은 저마다 다르지만 아이는 나무를 보며 특수한 사실들로부터 나무 프로토타입으로 불리는 한 가지 일반적 법칙을 이끌어 낼 것이다. 갈색 몸통에 녹색 잎이 달려 있다고 말이다.

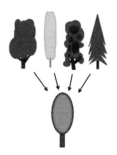

그림 3-2 나무 개념의 프로토타입의 일반화 예시

우리의 뇌는 연역법만큼 귀납법을 사용한다. 따라서, 같은 지식이라도 다르게 구성하는 것이 더욱 효과적이다. 일반적 사실을 제시하면 학습자는 특수한 사실을 추론할 것이고, 특수한 예시들을 먼저 제시하면 추론한 후 이에 상응하는 일반적 법칙을 보강할 것이다.

사람들은 한 가지 예시를 들면 이를 다른 예시들과 비교해 일반적 특성들을 도출한다. 이러한 현상은 우리의 뇌 속에서 자연스럽게 일어나는데, 이는 지식 생성의 기본 메커니즘이기 때문이다.

적용하기

앞에서 일반적인 현상들에 대해 말할 때 여러 일화나 예시를 사용할 경우 설득력이 생기는 이유에 대해 살펴봤다. 사람들은 이러한 예시를 더욱 일반적인 현상에까지 확장한다.

여러분은 아마도 사람들이 일화나 예시들에 특히 귀 기울인다는 점을 알아차렸을 것이다. 이런 장치들은 이야기에 생기를 불어넣고 더욱 구체화한다. 따라서 이 장치들을 적극적으로 활용해서 메시지를 전하자.

일화와 예시가 독자들에게 제시된 정보들로부터 일반적 사실을 도출하는 데 결코 방해되지는 않을 것이다.

여러분은 학습자 입장에서 예시들을 다양하게 제시할 수 있다. 그러면 사용자들은 정확하고 확고한 개념들을 갖게 된다. 사용자에게 반례를 제시해 볼 수도 있다.

핵심 정리

- 교육학에는 학습자에게 새로운 개념을 이해시키는 여러 가지 방법들이 있다.
  - 연역법: 일반적인 사실로부터 특수한 사실을 결론으로 이끌어 내는 것을 의미한다.
  - 귀납법: 예시들과 특수한 사실들로부터 학습자는 이에 부합하는 법칙을 도출한다.

- 우리는 일화와 예시에 매우 예민하다.
- 따라서 개념, 심지어 추상적인 것을 설명하려면 일화나 예시를 제시하는 것이 효과적이다.

여기서 잠깐!

필자는 수년 전부터 성인을 가르치고 성인을 위한 교육을 맡아왔다. 시간대별 혹은 기간별로 여러 차례 수업을 해 왔는데 (특히 겨울의) 새벽 시간대나 정오 이후의 수업에서는 학습자들이 집중하지 못했다. 과제나 공부에 파묻혀 있는 시기도 마찬가지여서 수업 내내 집중력을 발휘하기가 쉽지 않았다.

잠이 깨지 않은 학습자들에게 활기를 불어넣기 위해 매번 사용하는 나만의 방법이 있다. 개인적인 이야기를 하는 것이다. UX 디자인 실무나 인지기능에 대한 원리보다는 고객과의 일화를 풀거나 최근 다녀온 자동차 여행에 대해 이야기한다. 사람들은 어떤 종류의 이야기든 경험과 일화를 나누는 것을 특히 좋아한다. 추상적인 법칙들보다 예시들을 훨씬 잘 이해하고 흡수한다.

이처럼 일반적 사실을 도출하는 귀납법은 특수한 예시들을 일반화하는 효과적인 방법이다. 실제로 인간 작용의 기초적 메커니즘이라고 할 수 있다. 세상을 표현하고 그 안에서 활동하기 위해 우리는 태어나면서부터 특별한 경험과 예시들을 엮는 법을 배운다.

선택지의 개수를 제한하라: 힉의 법칙

이론

한번 상상해 보자. 여러분은 지금 식당에 있고, 디저트로 식사를 마무리하려고 한다. 종업원이 여러분에게 메뉴판을 건네줬다. 다섯 가지의 디저트 메뉴가 있다. 종업원은 여러분이 메뉴를 선택하기를 기다리고 여러분은 다섯 가지 디저트 중에 가장 먹고 싶은 것을 빠르게 선택한다.

그런데 만약 메뉴에 스물다섯 가지 디저트가 있다면 어떻게 될까? 디저트를 선택하기까지 걸리는 시간은 얼마일까? 종업원은 더 오래 기다려야 할 수도 있지 않을까? 우선 여러분은 어떤 디저트에 대해 물어본 후, 여러 디저트를 비교하려고 디저트 목록을 살피면서 조금 더 숙고한 후 결정을 내리게 된다. 너무 많은 선택지가 앞에 있으니 결정이 어려운 것이다.

다섯 가지 디저트 중 한 가지를 선택해야 한다면 비교는 어렵지 않다. 그런데 스물다섯 가지 중 하나를 골라야 한다면 상황은 달라진다. 가장 맛보고 싶은 디저트들을 먼저 추려야 한다. 그 후 추려낸 디저트들을 다시 비교하고 결정을 내리게 된다.

힉의 법칙(Hick's law)은 선택을 위한 반응 시간은 대안의 수에 따라 달라진다는 법칙이다. 이 법칙에 따르면 로그에 비례하여 증가하는데 대안이 늘어날수록 선택까지 걸리는 시간도 늘어난다.

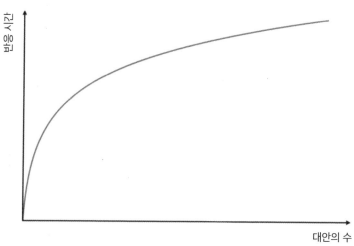

그림 3-3 힉의 법칙 그래프: 반응 시간과 대안 수의 상관관계

이 법칙의 수학 공식은 더욱 흥미롭다.

$$T = b \log_2(n+1)$$

T는 반응 시간이고 b는 상황에 따라 달라지는 실험 상수, n은 대안의 수이다. +1은 선택 유무와 관련 있다.

적용하기

탐색을 구상할 때 사용자에게 동시에 여러 가지 대안들을 제안해서는 안 된다. 긴 목록 대신 두 번째에서 새로운 대안을 추가하는 것이 낫다.

예를 들어 가구 판매 사이트를 구상한다고 하자. 여러분은 사용자들이 필요하고 만족할 만한 가구 유형으로 사용자들을 서둘러 인도하길 원할 것이다. 이때, 한 번에 최대한 많은 대안들을 제시하기(아래의 유형 1)보다는 유형 2와 3처럼 여러 목록으로 분류해 제안한다면 사용자의 선택 시간을 줄일 수 있다.

유형 1. 최대한 많은 선택 사항들

페이지 1. 스타일을 선택하세요.

- 모던한 거실
- 모던한 부엌
- 모던한 방
- 모던한 욕실
- 인더스트리얼 스타일 거실
- 인더스트리얼 스타일 부엌
- 인더스트리얼 스타일 방
- 인더스트리얼 스타일 욕실
- 앤티크 스타일 거실
- 앤티크 스타일 부엌
- 앤티크 스타일 방
- 앤티크 스타일 욕실
- 스칸디나비아 스타일 거실
- 스칸디나비아 스타일 부엌
- 스칸디나비아 스타일 방
- 스칸디나비아 스타일 욕실

유형 2. 두 가지로 분류된 선택 사항(1안)

페이지 1. 스타일을 선택하세요.

- 모던
- 인더스트리얼
- 앤티크 가구
- 스칸디나비아 풍

페이지 2. 가구 유형을 선택하세요.

- 거실
- 부엌
- 방
- 욕실

유형 3. 두 가지로 분류된 선택 사항(2안)

페이지 1. 가구 유형을 선택하세요.

- 거실
- 부엌
- 방
- 욕실

페이지 2. 스타일을 선택하세요.

- 모던
- 인더스트리얼
- 앤티크 가구
- 스칸디나비아 풍

한 단계를 더 추가하더라도 유형 2와 3에서는 사용자가 목표에 도달하는 시간이 더 빠를 것이다.

탐색구조의 폭과 높이에 대해 알아보자.

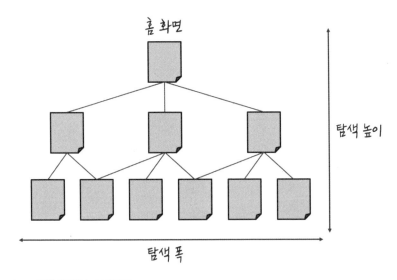

그림 3-4 **탐색의 폭과 높이 개념도**

따라서 과도하게 많은 선택 사항을 동시에 제시하는 것보다 한 단계를 추가하는 것이 한층 효과적이다. 최대 네다섯 가지 선택 사항이 가장 이상적이다.

그림 3-5 사용자를 위해 제한된 선택 사항을 제시한 사이트의 스크린 숏

핵심 정리

- 사용자에게 많은 선택 사항들을 동시에 제시하면 사용자가 결정하기까지 소요되는 시간은 길어진다.
- 탐색 단계마다 한 단계를 더 추가하더라도 선택 사항들의 수는 다섯 가지로 제한하자.

사용자의 멘탈 모델을
확인하라

이론

환경에 적응하기 위해 우리는 상황을 인지하고 그에 알맞게 행동한다. 이를 *지각-행동 결합*이라 한다.

사용자가 소프트웨어, 애플리케이션, 인터넷 사이트를 파악할 때와 같은 원리다. 이 원리를 통해 사용자는 서비스가 어떻게 작동하는지 알 수 있고, 행동을 계획하기 위해 서비스에 집중하게 된다.

도널드 노먼(Donald Norman)의 행동 이론을 통해 더욱 구체적으로 살펴보자. 이론에서 그는 사람이 어떤 행동을 할 때 그 심리를 다음 일곱 가지 연속된 단계로 정의했다.

1. 목표 설정: 목표 상황에 적절한 멘탈 모델을 구상한다.
2. 계획 설정과 행동의 의도: 목표에 도달하기 위해 해야 할 행동을 구체적으로 결정한다.
3. 의도를 실현하기 위한 일련의 행동들의 구체화
4. 계획한 행동 실행
5. 시스템의 상태 지각: 행동의 결과를 지각한다.
6. 시스템의 상태 분석: 사용자는 지각한 것에 의미를 부여하게 된다.
7. 설정 목표와 비교한 상태 평가: 기대한 바와 얻은 바를 비교한다.

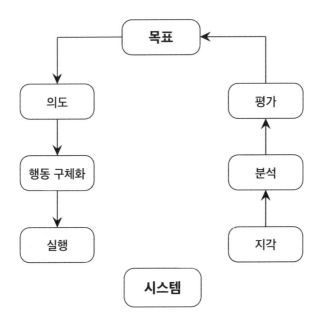

그림 3-6 도널드 노먼의 행동 이론 개념도

행동 단계에서 사용자는 현재 상황과 비교해 도달할 목표를 설정하고 이를 실현해 줄 의도들을 계획한다. 이러한 의도들은 일련의 행동으로 바뀌게 된다.

그 후 시스템이 반응할 때(혹은 반응하지 않을 때) 사용자는 시스템의 상태를 지각해 자신의 행동을 평가하게 된다. 사용자는 이러한 시스템의 상태를 분석하고 초반 목표와 비교해 이를 평가한다.

멘탈 모델이란 무엇인가?

멘탈 모델이란, 현상의 추이를 머릿속으로 시뮬레이션한 후 행동의 결과를 예측하기 위한 구현을 의미한다. 요컨대 *사용자가 시스템이 작용하는 방식을 이해한다고 믿는 상태*를 말한다.

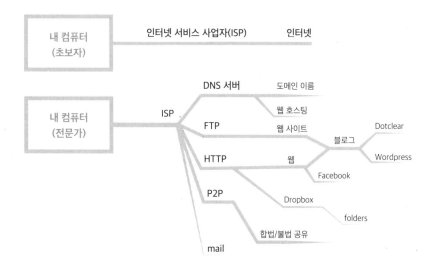

그림 3-7 라파엘 이야사리(Raphaël Yharrassarry)가 기사〈웹 사이트에 적용한 인지심리학 서론〉에서 제시한 초보자(위)와 전문가(아래)의 인터넷 표현

여기서는 이해가 아닌 믿음을 이야기하고 있다. 우리는 우리가 겪은 비슷한 경험을 토대로 시스템이 작동하는 방식을 예상한다. 그래서 우리의 멘탈 모델은 전적으로 예전 경험을 토대로 구성된다. 여기 그 예시가 있다. 웹 사이트에 접속하기 전에 우리는 다음을 예측할 수 있다.

- **인터넷 페이지 상단이나 왼쪽에서 메뉴를 찾는다.**
- **왼쪽 상단에 있는 사이트 로고를 클릭하면 홈 화면으로 돌아간다.**

적용하기

UX 디자이너로서 우리는 우리의 사용자들이 어떻게 행동하는지, 특히 그들의 *멘탈 모델*은 어떠한지 자세히 알아야 사용자들의 요구를 제때 해결할 수 있다.

우리는 인간-시스템 상호 작용의 전문가가 되었다. 그러나 *우리의 멘탈 모델은 사용자의 멘탈 모델과는 다르다.* 그래서 사용자의 멘탈 모델을 확인해야 한다. 이때 사용자가 속한 그룹마다 다를 수 있다는 점을 염두에 두자.

우리가 사용자에게 제시하는 인터랙션 원리에 따라 서비스 사용자들의 멘탈 모델이 정렬된다는 점을 확인하는 것이 무엇보다 중요하다.

일부 사람들은 '직관적인' 시스템에 대해 논할 때 한 가지 예로 몇몇 사용자는 처음 경험하는 애플리케이션도 금세 파악한다는 점을 든다. 실제로는 단순히 그 사용자의 멘탈 모델에 알맞고 이미 습득한 코드들을 준수한 애플리케이션이라고 볼 수 있는데도 말이다.

사용자의 멘탈 모델을 분명하게 파악하자

그러므로 사용자의 논리와 예상을 파악하는 것이 중요하다. 여러분이 예상한 것과는 다른 방식으로 사용자가 행동한다면 대부분의 경우, 여러분과 사용자들의 멘탈 모델이 다르기 때문이다. 사용자의 논리는 여러분이 틀림없이 예측하지 못했던, 다른 경로로 완성된 것이다. 멘탈 모델은 사용자의 원활한 이용을 도울 수 있지만 방해할 수도 있다. 가장 효과적인 방법은 전문가뿐만 아니라 초보 사용자들을 대상으로 정기적으로 테스트하는 것이다. 이를 통해 여러분은 사용자들의 멘탈을 구현할 수 있고 사용자에게 완벽하게 들어맞는 구조를 제시할 수 있을 것이다.

핵심 정리

- 서비스는 사용자의 기대에 따라 다르게 지각된다.
- 사용자는 예전 경험을 토대로 예상한다.
- 사용자의 멘탈 모델을 파악하기 위해서는 여러분의 인터페이스 디자인에 가이드 역할을 할 사용자의 논리와 예상을 알아야 한다.
- 사용자의 멘탈 모델을 적용하는 가장 간단한 방법은 사용자들을 대상으로 정기적으로 테스트해 보는 것이다.

여기서 잠깐!

최근 한 디자이너가 나에게 아프리카 사용자들과 함께 작업했던 일부 프로젝트에 대해 이야기했다. 아프리카 사용자들은 웹 사이트와의 상호 작용에 전혀 익숙하지 않았다. 디자이너는 그들과 함께 테스트를 진행했는데 홈페이지를 정의하려고 집이라는 개념을 제시했을 때 이 사용자들은 그 개념을 이해하지 못했다. 집이라는 것이 아프리카 사용자들에게는 명확한 개념이 아니었던 것이다.

반면 디자이너가 시장이라는 장소의 개념에 대해 언급했을 때 이 사용자들은 많은 의견을 내놨다. 실제로 우리가 필요한 모든 것을 찾을 수 있는 장소로 시장을 지각한 것이다.

사용자들이
범하는 오류들

이론

우리는 온갖 종류의 실수를 한다. 디자이너, 개발자, 사용자 모두 마찬가지다. 따라서 시스템에서 정해진 사용 방식을 따르지 않게 되는 원인들은 무수히 많다.

이러한 원인들은 때로는 사용자 경험에 부정적인 영향을 미친다. 사용자의 어떤 행동들을 어렵게 만들거나 심지어는 불가능하게 만들어 버린다. 그러므로 오류에 특별히 주의를 기울여야 한다.

우리가 생각하는 경험은 대부분 버그 없이 인터넷에 접속하고 사용자가 디자이너의 의도대로 행동하며 모든 것이 잘 작동하고 있을 때다. 하지만 현실에서 오류는 불시에 나타나고 또 빈번하게 발생한다. 오류들을 예상하고 대처할 방안들을 마련하는 것은 오로지 우리의 몫이다.

사용자들이 범할 수 있는 '오류'들을 살펴보자.

- **예측하지 못한 사용 방식:** 바스티앙(Bastien)과 스카팽(Scapin)의 예상처럼 오류들을 관리하는 것이다. 예상치 못한 입력 형식이 제안된 양식이 그 예이다.
- **시스템에 대한 잘못된 이해:** 사용자가 무엇을 해야 할지 몰라서 필요한 사항을 파악하지 못한다.

예측하지 못한 사용 방식

바스티앙과 스카팽(1993)은 인체 공학의 기준 중 하나를 오류 관리로 정했다.

"오류 관리라는 기준은 오류를 피하고 줄이는 한편 갑자기 나타난 오류들을 수정할 수 있는 모든 방법들을 의미한다. 오류는 부정확한 정보를 입력, 적절하지 않은 형식에 입력, 그리고 정확하지 않은 문장 등을 입력하는 것으로 간주한다."

따라서 사용자가 시스템이 예측하지 못한 사항을 기재할 때 오류들은 불시에 나타난다고 두 저자는 말한다.

시스템에 대한 잘못된 이해

사용자들이 요구받은 사항들을 이해할 수 없을 때 그 이유는 천여 가지는 족히 된다. 그 중 분명한 이유는 시스템에 대한 잘못된 이해 때문에 디자이너인 우리 또한 이를 예측하기 어렵다는 것이다. 실제로 사용자 테스트를 여러 차례 진행하지 않는 한, 우리가 예측한 경로에서 이탈한 사용법을 예상하기란 쉽지 않다.

시스템에 대한 잘못된 이해의 예

구체적인 예시를 살펴보자. 필자는 프랑스 철도청 사이트(sncf.com)에서 열차표 예매 서비스에 접속한 사용자를 관찰해 봤다.

기재 항목:
- 출발역
- 도착역
- 가는 날짜
- 오는 날짜
- 출발하고자 하는 시각

사용자는 출발역과 도착역, 출발 날짜를 입력한다.

| 출발 : 낭트 | 가는 날짜 2018/10/25 📅 | 출발 시각 6시 이후 🕐 |
| 도착 : 파리 몽파르나스 | 오는 날짜 📅 | 출발 시각 17시 이후 🕐 |

그림 3-8 프랑스 철도청 열차 검색 스크린 숏

이 사용자는 대중교통 인터페이스에는 익숙하지만 열차를 예매한 경험은 없다. 대중교통 인터페이스는 일반적으로 가는 날과 오는 날이 동시에 보이지 않고 사용자에게 노선을 선택하도록 한다.

또한 이러한 인터페이스에서는 특정 시간에 출발하거나, 특정 시간 전에 도착하는 것을 선택할 수 있다.

그림 3-9
파리교통공사 사이트(ratp.fr)의
대중교통 노선 검색

예를 들어 파리교통공사 인터페이스를 통해 출발 시간 또는 도착 시간을 기준으로 노선을 선택할 수 있다. 그러나 열차 예매 사이트에서는 그렇지 않다.

따라서 이 사용자는 노선을 선택할 수 있는 대중교통 인터페이스의 작동 방식대로 멘탈모델(원칙 10 참조)이 구성되어 있다고 할 수 있다. 가는 노선을 참조하는 것으로 목표를 설정한 것이다.

또한 목표를 기반으로 행동을 계획했지만 왜 '오는 날짜의 출발 시각'을 묻는지를 이해하지 못했다. 사용자의 멘탈 모델과 상응하지 않는 것이다.

그런데 열차 예매는 우리가 가는 여정과 오는 여정을 모두 찾고 있기 때문에 이와는 다르게 작동한다.

이 사용자는 대중교통 노선을 찾았던 이용 방식을 철도청 인터페이스에 그대로 적용했기 때문에 이해에 문제가 생긴 것이다. 오는 날짜의 출발 시각이 도착 예정 시간을 의미한다고 착각했다(예: 17시 이전에 도착). 사용자의 멘탈 모델이 사이트가 사용자에게 요구하는 것이 무엇인지 실제로 이해하지 못하도록 방해한 셈이다.

앞서 보았듯이 디자이너는 이러한 사용자의 분석을 예측하기 어렵다. 그러나 사람이 자신의 논리를 설명할 때 그의 관점에서는 완벽하게 일관성 있는 논리인 듯 보인다.

적용하기

사용자 오류의 원인은 다양하다. 그래서 모든 오류들을 예측하기란 불가능하다. 시스템을 기획할 때 여러분은 사용자가 잘못 이해하거나 조작하는 모든 경우의 수를 예상하고 오류 수정에 대비해야 한다. 이 점이 무엇보다 중요하다.

바스티앙과 스카팽이 제시한 바람직한 오류 관리의 세 가지 행동 규범이 있다.

- **오류로부터 보호: 정보를 기재할 때 오류를 감지하고 예방하기 위한 방법이다.**
- **오류 메시지의 정확성: 해석의 적절성과 편의 그리고 오류의 성격과 이를 수정하기 위해 해야 할 조치에 대해 사용자에게 제공하는 정보의 정확성을 말한다(반응 법칙에 대한 박스 내용을 참조하자).**

- **오류 수정: 사용자들이 오류를 수정하도록 제공하는 방법들이다.**

디자이너인 우리는 종종 오류 메시지에 충분한 관심을 쏟지 않는다. 불시에 일어날 수 있는 오류의 모든 종류에 대해 생각해 보는 것이 가장 이상적인 예방책이다. 사용자들이 직접 오류를 이해하고 이를 수정할 방법들을 제시할 수 있는 메시지나 개입을 최대한 예측해야 한다.

오류를 예방하기 위해 마련할 수 있는 모든 '비상구'를 생각해야 할 시점이다.

어떻게 오류 메시지를 작성할 것인가?

간단한 조치

1. 어떤 오류가 발생했는지 확인한다.
2. 오류의 원인을 설명한다.
3. 오류를 해결할 방법을 제시한다.
4. 예시를 든다.
5. 부정적인 표현보다는 긍정적인 표현으로 끝맺는다.
   - 부정적인 표현:
     "Error 402: 결제일은 청구서 발행 일자 이후여야 합니다."
   - 긍정적인 표현:
     "기재하신 결제일이 청구서 발행 일자보다 이릅니다. 날짜를 확인하시고 결제일을 청구서 발행 일자 이후로 다시 입력해 주세요. 감사합니다."

핵심 정리

- 버그, 잘못된 접속, 사용자 오류 등 오류는 언제든 불시에 발생한다.
- 사용자가 범할 수 있는 '오류들'은 정해진 사용 방식을 따르지 않았거나 시스템에 대해 이해하지 못한 경우, 두 가지로 나눌 수 있다.
- 바스티앙과 스카펭이 제시한 바람직한 오류 관리의 세 가지 행동 규범은 1) 오류로 부터 보호, 2) 오류 메시지의 정확성, 3) 오류 수정이다.
- 사용자가 잘못 이해했거나 조작하는 모든 경우의 수를 예측하고 그에 따라 1) 시스템의 개입, 2) 오류를 수정하는 방법들을 메시지로 작성해 사용자들에게 제시하여 오류에 대비한다.
- 오류를 예방하기 위해 마련할 수 있는 모든 '비상구'를 생각해야 한다.
- 이번 원칙에서 제시한 간단한 조치를 따라서 오류 메시지를 작성한다.

여기서 잠깐!

오류가 발생하면 사용자는 이를 수정할 전략들을 세운다. 강과 윤(2008)은 이와 관련해 새로운 기술의 사용법을 학습할 때 세 가지 주요 원리를 제시했다.

- 경직된 탐색: 사용자는 항상 같은 행동을 반복한다.
- 시도와 오류 탐색: 사용자는 예측할 수 없는 여러 가지 방식으로 시도해 본다.
- 체계적인 탐색: 사용자는 한 가지 방법을 예측하고 이를 실행한다.

만약 이 방법이 문제를 해결하지 못하면 모든 메뉴를 탐색하고 가능한 방법을 찾을 것이다. 사용자가 모든 선택 사항들을 테스트한다는 점에서 시도와 오류 탐색과는 다르다.

2부

마음을
움직여라

마음을 움직인다는 것은 흔적을 남긴다는 것이다.
경험에 대한 기억, 즉 기억 속에 오래 남을 만한 흔적을 의미한다.
사용자의 마음을 움직이기 위해서 어떤 경험을 제공할 수 있을까?
2부에서 여러분은 그 해답을 찾게 될 것이다. 주의, 기억 그리고
이 두 가지를 자극하는 것들이 어떻게 작동하는지를 살펴보며
신선한 충격과 기억에 남을 경험을 제공할 수 있을 것이다.

4장

주의를 끌어
기억으로 연결하기

이 장에서 배울 것

강렬한 인상 없이 기억에 남는 경험은 없다. UX 디자이너로서
첫 번째 작업은 사용자가 의미를 부여할 적절한 요소들을 통해
사용자의 주의를 끄는 것이다. 쉬워 보이지 않는가?
여기에는 알아둬야 할 몇 가지 요령들이 있다. 무엇보다 사용자의
주의가 절대적이긴 하지만 우리 사회처럼 모든 것이 연결된
세계에서 그 주의는 매우 불안정하다는 점을 명심해야 한다.
따라서 사용자의 주의를 끄는 방법과 복잡한 개념을 간단하게
설명하기 위해 멀티 모달리티를 활용하는 방법을 배우자.
감정을 강력한 기억 고착제로 사용하고 이를 잊어버리지
않기 위해서는 망각의 작용도 파악해야 한다.

사용자의
주의를 끌어라

이론

우리의 주의는 매우 쉽게 산만해진다. 물론 우리의 주의력은 능력, 체력, 주변 환경 등에 따라 달라진다. 피로, 늦은 시간, 시끄러운 주변 등으로 주의는 불안정해진다. 산만하게 만드는 원인들을 최대한 제한하고 목표에 도달하도록 사용자의 주의를 이끌어야 한다.

먼저 다음 세 가지 질문에 답해 보자!

1. 글자색이 무슨 색인지 묻는다.

빨강   파랑   초록

그림 4-1 색의 이름은(알맞은 조건)?

그러면 '빨강, 파랑, 초록'이라고 답해야 한다.

2. 아래 단어들의 글자색을 묻는다.

도서관 전시 색상

그림 4-2 이 단어들의 색은 무엇인가?

그러면 '파랑, 초록, 빨강'이라고 답해야 한다.

3. 마지막으로 글자의 의미와 상관없이 글자가 무슨 색인지 묻는다.

파랑 빨강 초록

그림 4-3 글자색은 무엇인가?

'빨강, 초록, 파랑'이라고 답해야 한다.

이 테스트는 스트룹(Stroop) 효과를 보여주기 위한 것이다. 마지막 질문이 특히 어렵다는 것을 여러분은 인지했을 것이다. 이유가 무엇일까? 우리는 '본래' 단어를 읽으려는 경향이 있기 때문이다. 그래서 글자의 색을 말하기 전에 먼저 읽기 과정을 억제해야 한다. 과잉 학습되어 무의식적인 과정이 되었기 때문에, 제대로 대답하는 것은 여간 수고로운 일이 아니다. 글자의 색을 말하는 것은 더 많은 집중력이 필요하다.

다양한 활동 유형을 인지 과정의 두 카테고리로 분류할 수 있다.

- 무의식적 인지 과정: 갑작스럽게 큰 소리가 나는 곳으로 고개를 돌리는 것처럼 반사적 행동이나 독서처럼 과잉 학습에 인지적 자원은 거의 필요하지 않다.
- 통제된 인지 과정: 세 번째 질문처럼 글자색의 이름을 말하는 것과 비슷하다. 정신 활동을 활발하게 만들려면 정신적인 노력이 필요하기 때문에 수고로운 일이다. 자주 해 본 일이 아니거나 복잡해서 집중력이 필요한 모든 정신 활동이 여기에 속한다. 예를 들어 암산으로 수학 계산을 한다고 가정해 보자. 피곤할 때나 주변이 시끄러울 때, 술이나 약에 취해 있을 때 계산하기 쉽지 않은 것도 바로 통제된 인지 과정 때문이다.

첫 번째와 두 번째 테스트 경우에 여러분은 통제된 과정을 거쳐야 했지만, 여러분을 헷갈리게 만드는 간섭 효과는 일어나지 않았다.

고안자의 이름을 딴 스트룹 테스트로 방해 요소에 대한 억제 능력을 알 수 있다. 선택적 주의로도 불리는 억제 능력을 평가하기 위해 심리학자들이 자주 사용하는 테스트다. 색의 이름을 말해서는 안 된다는 조건을 해결하는 데 더 긴 시간이 걸리는 아이와 어른은 선택적 주의 능력이 떨어진다고 진단받을 수 있다. 일상의 다양한 상황에서 불리하게 작용할 우려도 있다.

적용하기

주의 분산 효과를 이용하는 사이트들도 있다. 그림 4-4의 예시를 보자.

그림 4-4 Cdiscount 사이트의 홈 화면

Cdiscount 홈 화면에는 주의를 끌어당기는 무수히 많은 정보들이 담겨 있다. 그런 만큼 이곳에 있는 모든 것들이 여러분의 주의를 분산시킨다. 처음 여러분이 구매하고자 했던 제품과는 다른 제품을 더 구매하게 만드는 것이 목적이다. 제품 카테고리는 접근하기 쉽지만 프로모션 배너보다 가독성이 떨어진다.

그림 4-5를 보면 이와는 반대로 인터넷 페이지의 간결한 구성 덕분에 사용자는 전시된 제품들에 집중할 수 있다.

간결하고 효과적으로 정렬된 구성으로 사용자들은 제품에 주목하게 된다.

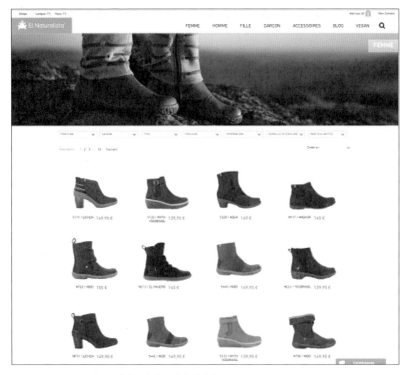

그림 4-5 El Naturalista 사이트의 제품 전시 페이지

사용자의 주의를 어떻게 붙잡아 둘 것인가?

가독성과 인터페이스 구성의 모든 요소에 심혈을 기울여야 사용자의 시선을 끌 수 있다.

가장 중요한 정보들을 강조하자. 사용자는 여러분의 인터넷 페이지에 접속해서 무엇을 찾을까? 사용자가 가장 빨리 목표에 도달하도록 시선을 유도해야 할 것이다. 최고의 방법은 접속하자마자 실행할 행동을 유도하는 콜 투 액션을 활용하는 것이다. 그러면 여러분은 사용자를 안내할 수 있고 사용자는 어디로 가서 무엇을 해야 할지 알게 된다.

에어비앤비 사이트(그림 4-6)는 첫 화면에서 예약하고자 하는 숙박을 바로 검색할 수 있도록 양식을 먼저 제시한다. 이 사이트가 널리 알려지면서 서비스가 어떻게 구성되어 있는지 설명할 필요조차 없어졌다.

그림 4-6 에어비앤비 사이트의 홈 화면

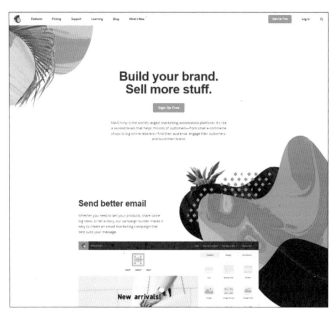

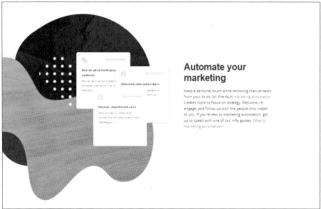

그림 4-7 MailChimp 사이트의 홈 화면

물론 한 화면에 모든 것을 담을 수는 없지만, 사용자를 점차 더 많은 정보로 안내하는 다양한 방법이 있다. 원칙 18에서 점진적 누출을 참조하자.

쓰리-클릭의 법칙은 옳지 않다!

'쓰리-클릭의 법칙(Three-Click Rule)'에 대해 들어봤을 것이다. 그런데 클릭의 수는 실제로는 중요하지 않다. 사용자는 정보를 찾을 때 빨리 클릭하는 데 익숙할 뿐이다. 오히려 과잉 정보 속에서 필요한 정보를 찾아내야 하는 것이 사용자들에게 해로울 수 있다.

핵심 정리

- 주의는 *방해* 요소에 매우 취약하다.
- 무의식적 인지 과정과 통제된 인지 과정이 있는데 이 두 인지 과정은 전혀 다른 특징을 가지고 있고 똑같은 인지적 자원을 소비하지 않는다.
- 통제된 활동에 집중하기 위해 (스트룹 테스트에서처럼) 무의식적 인지 과정을 억제하는 것은 많은 인지적 자원이 필요하다.
- 사용자의 주의를 붙잡기 위해서는 최소한의 콘텐츠만을 제시해 단순하고 간결한 인터페이스를 구성해야 한다.
- 일부 정보들은 적극적으로 다른 페이지에 제시하자.
- '쓰리-클릭의 법칙'은 무시하자.

여기서 잠깐!

인문학에서 실험 연구 결과를 공고히 하는 것은 *반복*이다. 매번 같은 결과가 나오는지 *프린켑스(Princeps)*로 불리는 시범 실험을 반복하는 것이다. 다양한 연구팀이 다양한 나라에서 여러 시기에 진행하는 것이 중요하다.

스트룹 효과는 과학 관련 기사에서 700번 이상 다뤄졌다. 매우 많은 횟수다! 심리학 연구실이나 매년 필자가 진행하는 수업에서 진행한 테스트의 수는 이루 셀 수가 없을 정도다.

게다가 실험 심리학 분야에서 가장 많이 인용되는 소재이기도 하다. 따라서 이제는 보편적인 경향이라고 할 수 있다.

다양한 콘텐츠를 위한 멀티 모달리티

이미지 하나가 긴 이야기 한 편보다 낫다. 그래서 텍스트에 삽화를 함께 제시하는 것이 더욱 효과 있다.

텍스트, 삽화, 음성 설명의 상호 작용으로 사용자들은 여러분의 콘텐츠를 쉽게 이해하고 기억할 것이다. 그뿐만 아니라 여러분 인터넷 사이트의 매력을 높여준다.

멀티 모달리티(Multimodality)에 대한 연구는 어떤 종류의 멀티미디어가 학습에 가장 도움이 되는지를 탐구하기 위해 수행되었다.

이론

지나치게 많은 정보를 담고 있는 콘텐츠의 첫 번째 위험은 인지 과부하다. 많은 양의 정보는 뇌가 감당할 수 없어서 그 처리 능력을 넘어선다.

우리의 정보 처리 용량은 제한된 저장고와 같다고 생각해 보자. 이러한 정보들을 처리할 수 있는 경로가 존재한다. 그러나 이 저장고가 갑자기 빠른 속도로 가득 차게 되면 결국 흘러넘치게 되어 어떤 정보들은 버려질 가능성이 높다. 더욱이 정보 기억 용량도 취약해져서 조금 전 읽은 내용도 기억하지 못하게 된다.

인지 과부하를 완화하기 위해서는 멀티 모달리티, 즉 시각과 청각을 활용하여 정보를 제시할 수 있다. 인지 부하는 정보 처리 양에 상응한다.

자메(Jamet, 2008)가 번역한 모레노(Moreno)와 메이어(Mayer)의 CATLM 모델(2007)을 보고 이러한 과정을 자세히 알아보자.

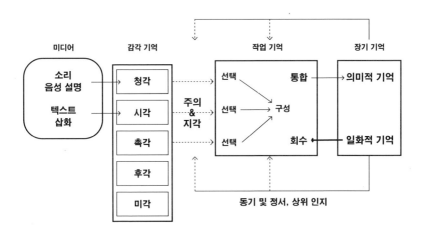

그림 4-8 〈미디어를 활용한 인지 및 정서적 학습 이론(Cognitive Affective Theory of Learning with Media, CATLM)〉 모델

그림 4-8에서 보았듯이, 시청각 정보는 특정 경로를 통해 먼저 처리된다.

- **청각 경로: 음성으로 제시된 설명**
- **시각 경로: 삽화와 텍스트로 제시된 정보**

우리가 정보에 집중하면 정보는 작업 기억(working memory)을 통해 처리된다. 받은 정보를 수행하는 처리 센터인 셈이다. 특히 이 센터에서 텍스트, 이미지, 음성 설명에 따라 이 정보들을 비교한다. 그 후 일관성, 즉 멘탈 모델에 따라 정보들을 구성해(Jamet & Arguel, 2008) 장기 기억(long term memory) 속에 저장한다. 그러면 우리는 조금 전에 읽고, 듣고, 이해한 것을 기억하게 된다.

이 모델은 글이나 음성 등 모달리티들을 활용해 정보들을 분산하면 왜 인지 과부하에 빠지지 않는지를 설명한다.

더불어 텍스트와 이미지가 혼합된 정보들이 통합되기 쉽다는 것을 설명하는 또 다른 모델도 있다. 슈노츠(Schnotz)와 반너트(Bannert)의 멀티미디어 자료의 이해 모델이다.

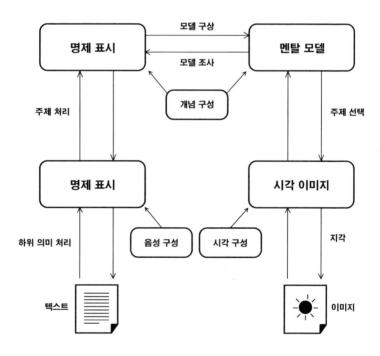

그림 4-9 슈노츠와 반너트(1999, 2003)의 멀티미디어 자료의 이해 모델

원리는 같다. 텍스트나 이미지 형태의 정보들은 기호 처리 혹은 아날로그 처리처럼 여러 경로를 통해 처리된다는 것이다. 그로 말미암아 각각의 처리 시스템의 과부하가 완화되고 멘탈 모델에서 통합도 용이해진다(원칙 10 참조).

멀티미디어 자료에서 삽화는 어떤 역할을 하는가?

스위스 연구자인 미레유 베랑쿠르(Mireille Bétrancourt)에 따르면 멀티미디어 자료에서 삽화는 여러 가지 역할을 한다.

- 관심 지점으로 독자의 주의를 끈다.
- 감정과 수용적 자세에 영향을 미치면서 독자에게 즐거움을 제공한다.
- 인지적 관점에서 삽화는 이해력을 향상시키면서 텍스트의 이해도를 높이고 추가 정보를 제공한다.
- 잘못 이해한 독자에게 바르게 이해할 수 있도록 내용을 보완한다.
- 미레유 베랑쿠르는 특히 삽화가 미적인 요소일 뿐만 아니라 매력적이고 독자에게 동기를 부여한다고 강조한다. 삽화로 대상이나 장면을 구분하거나 시공간 정보들을 구성하면서 공간을 여러 관계의 메타포로 사용할 수도 있다.

적용하기

정지된 삽화

정지된 삽화를 이용한다면 여러분은 알아야 할 요소들을 텍스트와 이미지 안에 반복할 수 있다. 텍스트로 설명이 첨부된 도표를 배치하자. 그러면 이해와 기억 작용이 향상된다. 최고의 방법은 공간적으로 텍스트와 이미지를 통합하는 것, 즉 이미지가 제시하는 바를 텍스트가 보완하는 것이다.

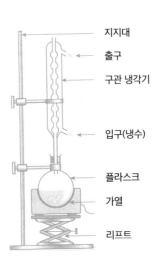

구관 냉각기 안에서
물이 순환하면서 가열
시에 형성된 증기들을
액화해 냉각시킨다.
(일반적으로 응결이라
불리지만 이는 옳지 않다.)
그렇게 생성된 액체는
구관 안으로 다시 떨어
지는데, 이를 환류라 한다.
따라서 이러한 방식의
가열로 물질의 손실은
발생하지 않는다.

지지대
출구
구관 냉각기
입구(냉수)
플라스크
가열
리프트

그림 4-10 이미지 속 텍스트의 통합 예시

역동적인 삽화

음성 설명을 추가한 삽화는 콘텐츠의 이해와 기억 작용을 현저하게 향상시킨다. 이러한 삽화를 연이어 배치하면 상승효과가 나타날 것이다(Jamet & Arguel, 2008).

여기서 주의할 것이 있다. 정보를 중복해서는 안 된다. 실제로 인지 과부하에 걸리는 시간은 짧기 때문에 정보의 중복으로 오히려 역효과가 발생할 수 있다. 음성으로 부연 설명하거나 내용을 보완하는 하나의 삽화를 제시하는 것이 더 효과적이다.

간략한 설명을 위해서는 음성을 사용하는 방식이 가장 좋다. 사용자는 콘텐츠를 쉽게 이해하고 기억하게 될 것이다. 이와 반대로 멘탈 모델(원칙 10 참조)이 필요한 복잡한 콘텐츠일 경우 텍스트만 배치하는 것이 효율적이다. 독자들은 시간순으로 내용이 전개되는 것에 익숙해져 있어 읽을수록 늘어나는 정보들을 통합할 시간을 가져야 하기 때문이다. 실제로 우리는 어려운 글을 읽을 때 읽었던 내용을 생각하고 예전 정보들과 새로운 정보들을 통합하기 위해 쉬어 가기도 한다. 이는 추론, 즉 '사실로 간주되는 이전 명제와의 관련성 때문에 명제를 인정하는 것으로 구성되는 논리 작용'[1]이 때로는 필요하다. 반대로 음성 정보는 계속 흘러간다. 들리는 것에 계속 집중하고 싶더라도 이런 추론을 동시에 할 수는 없다.

따라서 멀티 모달리티는 콘텐츠의 이해와 기억 작용에 매우 효과적일 수 있다. 부셰(Boucheix)와 루에(Rouet)의 연구 결과(2007)에서 발췌한 몇 가지 지침을 덧붙인다.

- **이해도를 높이기 위해 애니메이션을 이용한다면 역동적인 과정(예: 검색 엔진의 작동, 액체의 흐름)에 이용하는 것이 효과적이다.**
- **움직이는 것에는 주목하게 된다. 따라서 애니메이션은 설명이나 학습의 중앙에 배치해야 한다. 그렇지 않으면 오히려 자료 이해에 방해가 된다.**
- **더 많은 세부 사항을 담은 사실적인 애니메이션보다는 도식적인 애니메이션을 선택해야 한다. 그러면 사용자는 처리해야 할 근본적인 정보들만을 취하게 된다.**
- **생물학적 시스템과 같이 복잡한 시스템을 제시할 때는 점진적으로 그 과정을 연속해**

---

1) 프랑스 국립 중앙 문서 및 사전 자료실(CNRTL(Centre national de ressources textuelles et lexicales))의 정의

담아야 한다.

- 애니메이션과 동기화된 음성 설명을 첨부한다.
- 마지막 지침 : 콘텐츠에 대한 이해를 방해하지 않는 선에서 간단한 인터랙션을 제시해 보자. 일시 중지하거나 다시 재생할 수 있는 애니메이션이 그 예이다.

핵심 정리

- 너무 많은 양의 정보나 매우 복잡한 내용은 사용자에게 인지 과부하를 유발할 수 있다. 인지 과부하를 완화하는 방법은 도식, 텍스트, 음성 설명 등 다양한 모달리티를 사용해 정보를 제공하는 것이다.
- 정지된 삽화는 공간을 고려하면서 텍스트와 이미지를 함께 배치하자.
- 정보의 중복이 없는 연속된 삽화를 중심으로 음성 설명을 첨부하면 효과적이다.
- 간단한 내용에는 음성이, 복잡한 내용에는 텍스트가 더욱 적합하다.
- 적절한 애니메이션을 활용하자. 애니메이션이 이해에 핵심적인 역할을 할 때는 음성 설명이 더해진 도식적인 애니메이션을 연속으로 배치한다.
- 사용자가 내용의 전개에 숙달되도록 조작이 간편한 인터랙션을 추가하면 흥미를 유발할 수 있다.

감정을 기억 강화에 활용하라

이론

여러 연구들은 강렬한 감정이 아니더라도 감정 자체가 기억 작용을 강화한다는 사실을 보여준다. 다수의 현상들이 1) 코드화, 2) 강화, 3) 회상이라는 과정과 연관있다.

무엇보다 긍정적이든 부정적이든 감정은 사용자를 집중하게 하고 기억에 맡겨질 정보의 인지 정교화를 높인다(Hamann, 2001). 정보가 보존되는 첫 번째 단계이지만 정보는 일단 눈에 띄어야 한다.

그런 후에야 인지 정교화는 강화된다. 즉, 기억 흔적은 강화될 수도 그렇지 않을 수도 있다. 다시 말해 감정은 이러한 강화 작용에서 중요한 역할을 하게 되는데 이는 단순히 감정이 정신의 반추 작용과 사회적 공유를 자극하기 때문이다.

그런데 감정이 기억 강화에 중요한 역할을 하려면 그 정도는 가볍거나 온화해야 한다. 강렬한 감정은 콘텐츠 일부분을 잊게 한다.

이러한 현상은 뇌의 두 영역, 편도와 해마 때문이다.

편도는 연상 학습과 행동 반응 시에 감각 자극으로부터 감정적 가치를 평가하는 뇌의 한 기관이다.

심리학자 슈테판 하만(Stephan Hamann)은 절반은 감정을 불러일으키고 절반은 감정을 일으키지 않는 낱말과 이미지들 중에서 감정을 불러일으키는 낱말과 이미지들을 볼 때 감정의 중추인 편도가 활성화된다는 사실을 발견했다. 다른 실험자들도 감정을 자극하지 않는 낱말이나 이미지들보다 감정을 자극하는 낱말이나 이미지를 두 배 이상 기억했다.

감정은 부정적이든 긍정적이든 기억 작용에 매우 중요하다.

해마는 기억과 공간 탐색에 중추적 역할을 한다. 가볍거나 온화한 감정의 경우 편도가 해마를 자극해 기억이 강화된다. 강렬한 감정일 경우 편도는 해마를 억제해 기억이 강화되는 것을 방해한다.

기억 흔적을 남기기 위해서 감정은 긍정적이어야 할까, 부정적이어야 할까?

이런 경우에는 기억을 연상하는 상황이 중요하다.

긍정적인 감정일 때 코드화된 정보는 이후 긍정적인 감정일 때 떠오른다. 반대로 부정적인 감정일 때 코드화된 정보는 부정적인 감정일 때 잘 떠오른다(Hamann, Grafton & Kilts, 1999).

정보의 두 가지 유형이 기억 작용을 강화한다. 타당한 정보일수록 짧은 순간에 더 잘 기억할 수 있다. 더불어 이례적인 정보일 경우에도 금세 저장된다.

적용하기

사용자들이 여러분의 서비스(인터넷 사이트, 애플리케이션, 제품 등)를 기억했다가 다시 찾게 만들고 싶은가?

그렇다면 사용자들이 기억할 만한 긍정적인 경험을 제공하자. 이용할 수 있는 방법은 많다. 특별한 감각 경험을 위해 그래프, 음악, 동영상 등을 활용하는 것이다.

사용자의 기대에 부응하는 특별한 경험을 제공하거나 눈에 띄는 그래프, 큼지막하고 깜짝 놀라게 만드는 인터랙션을 배치할 수도 있다(원칙 16과 19 참조).

감정을 일으킬 수 있는 또 다른 간단한 방법은 휴먼 인터페이스를 만드는 것이다(8장 참조). 시나리오 작성 또한 사용자의 경험에 감정을 추가할 수 있는 효과적인 방법이다.

핵심 정리

- 가볍거나 온화한 감정의 경우 기억 작용이 강화된다.
- 긍정적인 감정일 때 코드화된 정보는 이후 긍정적인 감정일 때 떠오른다. 반대로 부정적인 감정일 때 코드화된 정보는 부정적인 감정일 때 잘 떠오른다.
- 타당하거나 이례적인 정보일수록 금세 기억된다.
- 타당하거나 깜짝 놀랄 만한 특별한 감각 경험이나 휴먼 인터페이스를 이용해 사용자에게 긍정적인 경험을 제공하자.

망각의 기능

이론

"생각하고 잊고. 이것이 인생. 이것이 인생"이라는 노랫말이 있다. 누가 불렀더라? 아! 자크 뒤트롱(Jacques Dutronc)! :-)

망각은 인지 체계에서 일어나는 일반적이고도 필수적인 메커니즘이다. 망각을 통해 기억 속에 이용할 수 있는 정보들을 업데이트하고 우리 환경에 실질적으로 유용할 정보들을 지식으로 삼는다. 우리의 망각 능력은 인지 유연성의 여러 측면 중 하나다.

망각과 기억 흔적의 강화

망각에 대해 생각할 때 우리가 은연중에 말하게 되는 것이 바로 '기억 흔적(memory trace)'이다. 꽤 정확한 이미지가 연상돼서 이 용어가 매우 마음에 든다. 모래 위로 난 길이 떠오르는데 기억은 마치 이 길처럼, 깊이 팰수록 잊히는 데 그만큼 오랜 시간이 걸린다.

첫 학습에서 기억 흔적은 강렬한 감정이 동반되지 않는 이상 피상적으로 남게 된다(원칙 14 참조). 아래의 그래프는 망각의 속도를 보여준다. 여기 의미 없는 음절들(예: 'IFD', 'ZOF')의 목록이 있다. 20분이 지난 후에 우리는 목록의 60%만을 기억하고 이틀이 지난 후에는 30%밖에 기억하지 못한다. 반대로 지속적으로 학습한 내용은 천천히 잊힌다.

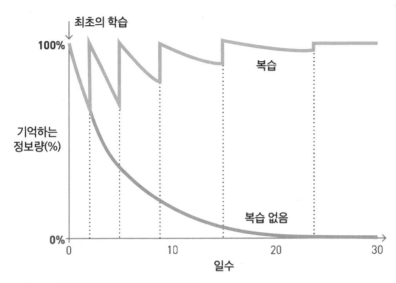

그림 4-11 복습의 효과를 보여주는 망각 곡선

공부한 내용을 잊지 않는 가장 확실한 방법은 훗날 그리고 더 훗날 다시 한번 공부하는 것이다. 그러면 반복 학습 효과로 기억 흔적이 강화된다.

학습 세션이 새롭게 활성화될 때마다 기억 흔적은 견고해진다. 따라서 자극에 노출될수록 기억 흔적도 공고해진다.

기억 흔적을 강화하기 위한 정보 학습법

쥬베민(Juvamine) 비타민 광고를 본 사람 중에 이 광고를 잊은 사람이 있을까? 1990년대 텔레비전으로 내보낸 스폿 광고다. 매우 짧았지만 광고가 나갈 때마다 세 번씩 반복해 처음 보자마자 기억 흔적을 깊게 남기는 광고였다(책 뒷부분의 더 나아가기의 링크 참조).

단서 회상(Cued recall)

우리의 기억을 사라지고 있는 하드디스크와 비교해서는 안 된다. 정보를 알게 된 첫 번째 단계에서 잊게 되면 더는 그 정보를 기억해 낼 수 없다. 그렇다고 모든 기억 흔적이 완전히 지워진다는 의미는 아니다. '회상 단서'가 주어진다면 여러분은 정보를 기억해 낼 수도 있다. 마치 정보를 저장했지만 어디에 저장했는지 모르는 것과 비슷하다. 만약 전혀 떠오르지 않는다면 두 번째 단계에서 기억은 완전히 잊힌다.

털빙(Tulving)과 펄스톤(Pearlstone)은 다음과 같은 실험을 진행했다. 먼저 실험 참가자들에게 낱말의 목록들을 외우게 했다. '닭'이나 '말'을 '동물'로 분류하는 것처럼 낱말이 속한 카테고리에 따라 기억나는 낱말을 종이에 쓰게 하거나 단서를 제공한 경우 실험 참가자들은 두 배로 많은 낱말을 기억하고 있었다.

낱말은 기억 속에 잊히지만 적어도 접근은 가능하다. 처음에는 내용이 아닌 정보의 주소가 잊히는 것이기 때문이다. 따라서 기억하기 위해서는 단서들을 만들어 놓는 것이 매우 유용하다.

간섭 효과

새로운 학습으로 꽤 오랜 시간이 지난 학습에 간섭이 일어나는 현상을 의미한다. 새로운 학습이 이전 학습과 유사할수록 최초의 학습을 쉽게 잊는다.

적용하기

이 연구들을 통해 인터페이스 구상을 위한 몇 가지 교훈들을 얻을 수 있다.

중요한 정보는 반복할 것

결코 잊어서는 안 될 정보라면 첫 번째 학습부터 반복하는 것이 효과적이다. 학습이 필요한 복잡한 경험을 제시할 때는 더욱 그렇다. 수많은 복잡한 기능들을 갖춘 소프트웨어 패키지 대부분이 전형적인 경우다. 초보자를 위한 짧은 튜토리얼만으로는 충분하지 않을 것이다. 정보를 기억하기 위해서는 다양한 방식으로 정보를 반복해야 한다.

경로는 쉽게 구성할 것

애플리케이션이 복잡하거나 사용자가 자주 재방문하지 않게 될 경우, 그 사이에 사용자가 필요한 정보가 어디 있는지 잊지 않는 것이 중요하다. 이럴 때를 대비해 사용자가 기억을 떠올릴 수 있도록 단서들을 제공해야 한다. 가령 특정 탭에는 색을 입히는 것이다. 또는 사용자가 자신의 위치를 파악할 수 있는 방문 기록을 제공할 수도 있다.

아이코노그래피(iconography)는 많은 역할을 한다. 우리는 특히 이미지를 잘 기억하기 때문이다. 간섭 효과를 피하기 위해서는 기억해야 할 것과 시각적으로 비슷한 형식을 이용해서는 안 된다. 우리가 길을 걸을 때와 비슷하다. 거리가 모두 비슷하게 생겼다면 특정 장소를 찾기 힘들 것이다. 반면 모든 장소와 거리에 구별되는 표시가 있다면 쉽게 길을 찾는다. 이러한 원리를 이용해 사용자의 경로를 편리하게 만들자.

대형 쇼핑몰의 주차장에 주차한다고 상상해 보자. 여러분은 으레 주차 장소를 기억하기 쉽도록 글자가 새겨진 표지판 근처에 주차할 것이다. 그런데 표지판의 글자가 F로 시작한다면 '나는 F열에 주차를 했고 과일(Fruits)을 떠올린다.'라고 생각할 수 있다. 주차 구역을 기억하는 가장 쉬운 방법이다.

그림 4-12

핵심 정리

- 사람은 사건에 더 자주 노출될수록 기억에 강렬한 흔적이 남게 된다. 기억 흔적이 강화되는 것이다.
- 최초 학습과 비슷할수록 최초 학습을 잊기 쉽다. 간섭 효과가 일어나기 때문이다.
- 기억을 떠올리기 위해서는 단서를 제공하는 것이 효과적이다. 단서들을 토대로 사용자는 그 경로를 찾을 수 있다. 이를 단서 회상이라 한다.
- 기억해야 할 정보는 다양한 방식으로 몇 번이고 반복하자.

5장

최고의 경험
제공하기

이 장에서 배울 것

지금까지 사용자의 주의와 관심을 끄는 방법을 알아봤다.
그렇다면 이를 통해 무엇을 할 수 있을까? 어떻게 최고의 경험을
제공할 수 있을까?

인터넷을 통해 공연 표나 물건을 구매하는 것처럼 평범해 보이는
모든 행동들도 사용자에게 최고의 경험을 제공한다는 측면에서는
대단한 일이 될 수 있다. 그런 의미에서 가장 쉬운 실행 방법을 찾기
위해서는 인간 작용을 알아야 한다. 사용자의 행동에 의미를 부여하
고 사용자가 필요로 할 때 정보를 노출하며 기억을 만들어내는 것을
의식하는 것, 그리고 마지막으로 놀라움까지 선사하면 금상첨화다!

경험을 통해 기억하라: 피크엔드 법칙

영화, 인생의 한 시기, 시험 그리고 인터넷 사이트의 인터랙션 등 이러한 경험을 통해 우리가 기억하는 것은 무엇인가?

이론

경험한 것과 경험을 통해 기억하는 것을 구별해야 한다. 경험으로 얻은 인상이 기억에 남고 긍정적이든 부정적이든 경험에 대해 우리의 견해가 공고해지는 것은 바로 기억 때문이다.

여러분의 마지막 휴가를 잠시 떠올려 보자. 무엇이 떠오르는가? 여러분은 아마도 1주일, 2주일 혹은 3주일 동안 휴가를 보냈을지 모르겠지만 기억에 남은 일을 떠올린다면 얼마의 시간이 필요한가? 무엇이 기억에 남았고 무엇을 잊었는가?

어떤 경험을 했든, 그 경험에서 우리가 무엇을 간직하고 있는지는 남은 기억으로 알 수 있다. 따라서 그 기억이 어떻게 남아있는지를 파악하는 것이 중요하다.

노벨상 수상자인 대니얼 카너먼(Daniel Kahneman)은 환자들이 마취 없이 장 내시경 검사를 받는 동안 실험을 진행했다(Redelmeier & Kahneman, 1996). 검사를 받는 동안 매분 환자들에게 1~10까지 고통의 강도를 측정하게 했다. 검사가 끝난 후에도 환자들은 전반적인 고통의 강도를 점수로 매겼다.

실험을 통해 연구자들은 환자가 측정한 전반적인 고통의 강도와 검사 동안 느낀 고통의 강도에는 거의 상관관계가 없음을 파악했다. 이는 T라는 순간의 경험과 경험에 대한 기억이 단절되어 있음을 의미하는 듯했다.

연구자들은 오히려 경험에 대한 기억이 다음 두 가지에 영향을 받는다는 사실을 확인했다.

- 절정에 도달한 감정
- 경험이 끝난 후 감정

두 가지 예시를 그래프로 옮긴 그림 5-1을 보자. A 환자의 검사 시간은 B 환자보다 매우 짧았고 직접 평가한 누적된 고통도 덜했다. 그런데 이 실험을 전반적으로 평가해 보면 A 환자는 B 환자보다 고통이 심했던 것으로 드러났다. A 환자의 그래프를 보면 내시경 검사가 실제로 고통이 절정일 때 끝났음을 알 수 있다. 이로써 A 환자에게 이 검사에 대한 기억은 매우 고통스럽게 남을 것이다.

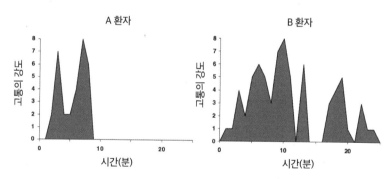

그림 5-1 두 환자가 분 단위로 측정한 고통의 강도

이를 피크엔드 법칙(peak-end rule)이라고 한다.

대니얼 카너먼은 또 다른 실험을 진행했다. 음악 애호가에게 20여 분간 아름다운 교향곡을 듣게 한 후, 실험이 끝날 무렵에는 불협화음을 들려줬다. 대부분의 시간 동안 아름다운 교향곡을 들었지만 사람들에게 이 실험은 매우 복잡한 기억으로 남았다.

즐거운 경험들은 어떠한가? 이 경험들도 비슷하게 작용할까? 즐겁고 놀라웠던 경험들을 보면 아마도 그럴 것이다. 원칙 19에서 필자는 긍정적인 경험에 대해 상세히 서술할 것이다. 경험이 끝날 무렵, 감정(즐거움이나 놀라움)이 절정에 달했을 때 경험이 완료되면 경험을 더욱 매력적으로 느낀다. 감정 기복이 나타나는 또 다른 효과도 있었다 (Teixeira, Wedel & Pieters, 2012). 따라서 피크엔드 효과는 긍정적인 감정에도 작용하는 듯하다.

적용하기

이러한 실험으로부터 우리는 가장 중요한 것이 바로 기억임을 알 수 있다. 사용자에게 제공할 경험을 구상할 때 경험이 만들어낼 최고조의 감정과 마지막에 느낄 감정에 심혈을 기울여야 한다.

메일링 리스트를 작성할 수 있는 인터넷 사이트는 많다. MailChimp 사이트의 특징을 기억하는가? 사용자가 발송용 캠페인을 보낼 준비가 끝나면 작은 애니메이션이 나타난다는 것에 주목하자.

가령 주소록에 담긴 모든 사람들에게 메일을 보낸다면 침착함이 필요하다. 중요한 일부 사람을 빠뜨릴 수도 있고 맞춤법이 틀렸거나 다른 실수를 저지를 수 있기 때문이다.

사용자가 보낼 캠페인을 마지막으로 승인하는 순간, 보내기 버튼 위에 망설이는 손가락 모양의 작은 애니메이션이 나타난다.

그림 5-2
메일링 리스트에서 메일을 보낼 때 나타나는
MailChimp의 애니메이션 스크린 숏

이러한 간단한 애니메이션이 경험에 지대한 영향을 미친다. 때로는 불안할 수 있는 순간에 작은 재미를 주거나 마음을 가볍게 만드는 것이다. 사용자에 대한 공감을 표현하기도 한다. 더불어 사용자가 긍정적인 감정을 가진 채로 메일을 모두 보내면 이 인터넷 사이트와의 상호 작용은 긍정적인 기억으로 남게 된다. 이것이 MailChimp가 수천만의 사용자를 갖게 된 이유다. 마지막 순간에 기억에 남을 만한 경험을 제공하는 것이 중요하다!

핵심 정리

- 경험하는 동안 느낀 감정과 남은 기억은 같지 않다. 가장 중요한 것은 기억이지 경험 자체가 아니다.
- 경험에 대한 기억은 절정에 도달한 감정과 마지막 순간의 감정에 영향을 받는다.
- 경험이 만들어낼 최고조의 감정과 마지막에 느낄 감정에 심혈을 기울여야 한다. 사용자가 긍정과 놀라움을 느끼게 하자.

사용자에게
목표를 부여하라

필자가 이 원칙을 쓰고 있는 지금, 예정했던 원칙들의 절반 정도를 작성했다. 여러분은 필자가 앞의 내용에 집중하고 있다고 생각하는가, 아니면 앞으로 남은 부분에 집중하고 있다고 생각하는가?

여러분이 필자가 앞으로 작성할 내용에 더욱 집중하고 있다는 생각이 든다면 정답이다!

이론

쿠(Koo)와 피시바흐(Fishbach)는 일련의 실험을 통해서 우리는 이미 행한 일(과거)보다 해야 할 일(미래)에 더욱 집중한다는 것을 밝혔다. 이는 단순한 일(설거지)이나 인생에서 결정적인 일(학위 취득)까지 모든 일에 적용된다.

따라서 우리의 시선은 우리가 앞으로 나아갈 길을 향해 있어서 우리가 지금까지 해 온 일은 과소평가된다.

진로를 바꾸고 싶다고 가정해 보자. 이런 경우 여러분은 2년 동안 준비해 학위를 취득해야 한다는 점을 떠올린다. 그러려면 오랜 시간이 걸리고 많은 것을 투자해야 한다는 것을 분명히 짚게 된다.

그러나 여러분이 현재의 위치에 도달하기까지 보낸 시간을 고려해 보자. 걷는 법, 말하는 법, 쓰는 법 등에 많은 시간을 들였다. 학교에서 보낸 그 모든 시간이나 여러분이 성장할 수 있도록 해 준 과거의 무언가를 기억하자. 여러분에게 진로를 바꾸고자 하는 마음 또한 이 모든 경험에서 출발했다. 그래서 앞으로 더 공부해야 하는 2년의 기간보다 이러한 경험들이 더욱 중요한 역할을 한다.

간단히 말하자면 우리는 항상 앞으로 해야 할 일을 더욱 염두에 두기 때문에 목표는 항상 멀리 있는 듯하다. 우리가 지금까지 해 온 모든 것들을 쉬이 잊는 것이다.

목표 카드

결론부터 말하자면 우리는 목표에 가까워질수록 앞으로 똑같은 단계가 남았더라도 더욱 동기 부여가 된다. 카페에서 사용하는 두 가지 유형의 포인트 카드로 실험을 해 봤다.

- 카드 A: 총 열 칸으로 커피를 구매할 때마다 직원이 한 칸씩 도장을 찍어준다. 고객은 열 칸을 채워야 무료 커피 한 잔을 받을 수 있다.
- 카드 B: 총 열두 칸이지만 두 칸에는 이미 도장이 찍혀 있다. 고객은 열 칸을 더 채워야 무료 커피 한 잔을 받을 수 있다.

두 경우 모두 고객은 열 칸을 채워야 무료 커피 한 잔을 받을 수 있다. 그런데 고객은 포인트 카드 B를 더 빨리 채우게 된다. 목표에 더욱 가까워지는 인상을 받기 때문이다.

적용하기

등록이나 양식을 채워야 하는 것처럼 귀찮은 과정 동안 고객이 포기하지 않도록 하기 위해서는 고객들이 항상 최종 목표를 염두에 두고 있다는 것에 주의해야 한다. 일련의 과정 중에 우리는 행동의 이유를 쉽게 잊고 그 과정이 매우 지겹게 느껴질 때 목표에 도달하는 것보다 현재의 노력에 더욱 집중하게 된다. 따라서 최종 목표를 여러 방법으로 상기시키는 것이 바람직하다. '몇 가지 세부 사항만 더 기재하면 자동차 등록 신청이 완료됩니다.'와 같이 동기 부여를 위한 메시지를 이용할 수도 있다.

또 다른 중요한 요소는 이미 완료한 단계들을 상기시키는 것이다. 이미 투자한 시간과 앞으로 남은 과정을 게시하면 사용자들이 남은 과정을 비교해 파악하는 데 도움이 된다. 구매에 이르기까지 긴 여정이 필요한 쇼핑 사이트 대부분이 이러한 방법을 사용한다. 인터넷 사이트에서 여러 단계가 필요한 등록 과정이나 질문지에 답해야 하는 수고로운 양식 기재 등이 예라고 할 수 있다.

그림 5-3 **구매 과정 스크린 숏**

이러한 과정들이 사용자를 피곤하게 만든다는 것을 우리는 잘 알고 있다. 피로감을 덜기 위한 두 가지 방법이 있다.

- **완료하기 쉽도록 과정을 여러 단계로 짧게 나눈다. 긴 질문지는 대여섯 질문씩 여러 페이지로 나눈다.**
- **사용자에게 어느 단계에 있는지, 몇 단계가 남았는지를 알린다. 목표에 가까워질수록 동기 부여가 된다.**

이러한 전략을 펼치면 사용자들이 중도에 포기할 가능성은 줄어든다.

필자는 이러한 심리적 동기를 이 책의 집필 작업에 적용해 봤다. 실제로 책 한 권을 완성하기까지는 많은 노고가 필요하다. 동기를 잃지 않도록 앞으로 해야 할 작업을 알 수 있는 그래프와 표를 만들었고(그림 5-4, 5-5) 매일 일과가 끝날 때마다 진척을 가늠할 수 있었다. 이를 통해 필자는 동기 부여가 되고 예정된 일정표와 비교할 수 있었다.

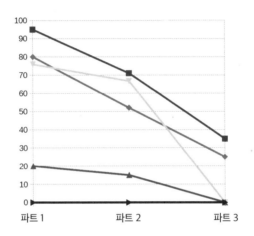

그림 5-4 집필 진척을 보여주는 그래프

52%	초안
36%	리뷰와 편집
47.6%	삽화
48%	작업 총량

그림 5-5 집필 진척을 보여주는 표

핵심 정리

- 우리는 이미 했던 일보다 앞으로 해야 할 일에 더욱 집중한다.

- 목표에 가까워지고 있다는 생각이 들 때 사용자의 동기는 높아진다.

- 사용자가 도달할 목표를 잊을 수 있으므로 목표를 상기시키자.

- 사용자가 중도에 포기하지 않도록 점진적으로 완료된 단계와 완료할 단계를 요약해 보여주자. 이때 수고롭거나 지루한 작업은 여러 단계로 나눠야 한다.

원칙 18

적정량의 정보를 제공하라: 점진적 누출

이론

우리는 처리할 정보가 무수하고 이러한 정보가 급격히 늘어나는 사회에 살고 있다. 초연결사회인 만큼 매일 쏟아지는 정보에 노출되는 것은 당연한 듯하다. 정보의 홍수 속에 사는 것이다.

그런데 인간의 뇌가 정보를 처리하는 능력은 일정하고 대부분 그 한계에 봉착하게 된다.

특정한 작업을 할 때 더욱 특수한 수준에서 우리는 종종 인지 부하에 대해 이야기한다. 인지 부하는 작업의 복잡함과 작업에 필요한 자원량의 관계를 의미하는 개념이다. 우리는 제한된 정보량만을 동시에 처리할 수 있다. 만약 인지 부하에 큰 영향을 미치게 된다면 논리와 학습 능력이 저하된다.

여기에는 흥미로운 차이가 있다.

- 내재적 인지 부하는 특정 활동에 내재한 복잡성에 상응한다. 실제로 특정 활동들은 다른 활동들보다 이해하거나 숙달하기 더욱 어렵다. 예를 들어 시를 암기하는 것은 시를 쓰는 것보다 더 복잡하다.
- (불필요한) 외재적 인지 부하는 활동과 관련된 정보들이 제시되는 방법과 관련 있다. 가령 암기하고 싶은 시 옆에 긴 텍스트가 있다면 암기에 간섭 효과가 일어나기 때문에 외재적 인지 부하가 증가하게 된다.

사용자가 정보를 쉽게 파악할 수 있기를 바란다면 간단하고 명료하게 정보를 제시해야
한다.

적용하기

점진적 노출은 적절한 시점에 사용자에게 적절한 정보만을 제시하는 것이다. 현 단계
에서 필요하고 유용한 기능과 정보만을 제시하기 위해서는 인터페이스에서 불필요한
요소들을 최대한 배제해야 한다.

예를 들어 구글의 홈 화면은 사용자가 기대한 핵심적 기능인 검색 기능을 강조하고 있
다. 물론 속성이나 이미지 검색과 더불어 다른 작업도 가능하지만 이러한 작업들은 해
당 페이지에서 눈에 띄지 않는다.

그림 5-6
구글의 홈 화면은 주요 기능인
웹 검색을 강조한다.

정보를 점진적으로 누출할 때 정보나 기능들이 즉각 제시되지 않는 경우에는 다음과
같은 방법으로 접근할 수 있다.

- 메뉴
- 인터넷 페이지의 나열
- 링크나 버튼
- 동작: 항공권 예약 사이트에서 사용자가 희망하는 출발 날짜를 선택하는 것

그림 5-7 Team-Officine 사이트의 홈 화면

Team-Officine 사이트(그림 5-7)를 보자. 홈 화면이 상대적으로 간소하다. '약학 분야에서 신뢰할 수 있는 인재 채용 사이트'라는 사이트의 목적을 단번에 알 수 있다. 만약 사용자가 작업을 더욱 진척하고 싶다면 **계정 만들기**(Créer un compte)나 메뉴의 항목을 클릭하면 된다.

따라서 동작의 배열을 결정하거나 한 화면 혹은 여러 화면에 걸쳐 특정 정보나 기능을 배치해야 한다. 이를 통해 사용자의 외재적 인지 부하를 줄일 수 있다.

다수의 쇼핑 사이트들이 이러한 경우에 속한다. 가입, 배송 선택, 결제 단계가 연속해서 등장한다. 특히 항공권 구매 사이트는 오래전부터 점진적 누출을 적용해 왔다. 이러한 유형의 구매는 여러 단계(날짜, 시간, 수하물, 반입 금지된 음식물, 여권 번호)가 필요하다.

그림 5-8 카풀 여행 시 정보 배열

그림 5-9 Didacte 사이트의 스크린 숏

무수히 많은 정보를 제시하는 사이트는 대부분 점진적으로 정보를 누출한다. 이러닝 (E-learning) 콘텐츠 개발자를 위한 교육 플랫폼인 Didacte 사이트를 보자. 이 사이트에는 전문가들이 해당 플랫폼을 선택하도록 설득하기 위한 많은 것들이 존재한다. 그런데 홈 화면에서 사용자에게 제공되는 정보는 지극히 적다. 이 플랫폼에 대해 더 자세히 알기 위해서는 화면을 펼치거나 클릭해야 한다. 따라서 사용자는 파악해야 할 정보가 많지 않아서 의욕이 떨어지는 일도 발생하지 않는다. 정보 과부하를 피하는 좋은 방법이다.

핵심 정리

- 인지 부하 개념은 우리가 제한된 정보만을 동시에 처리할 수 있다는 사실을 말해준다.
- 인지 부하가 발생하면 논리나 학습 능력이 떨어진다.
- 내재적 인지 부하와 외재적 인지 부하를 구별해야 한다. 정보를 효과적으로 제시하면 외재적 인지 부하를 줄일 수 있다.
- 점진적 노출은 적절한 시점에 사용자에게 적절한 정보만을 제시하기 위해 인터페이스에서 불필요한 요소들을 최대한 배제하는 것이다.
- 사용자가 즉각 제시되지 않는 정보나 기능에 접근할 수 있어야 사용자의 외재적 인지 부하를 줄일 수 있다. 메뉴를 통해서 페이지를 펼치거나 링크나 버튼을 클릭하는 등의 동작으로 가능하다.

원칙 19

긍정적인 감정을
일으켜라

이론

놀라움은 사용자에게 긍정적인 감정을 일으키는 (이러한 효과를 주기 위해 의도적으로 계획하고 효과가 나타났을 경우에는) 강렬한 감정이다.

메이어와 그 외 연구자들(Mayer et al., 1991)은 실험적인 방법으로 놀라움을 측정했다. 실험에서는 컴퓨터 화면에 두 낱말이 등장하는데 매번 낱말 위아래로 점 하나가 같이 나타난다. 이때 실험 참가자들에게 왼쪽이든 오른쪽이든 키보드를 누르도록 했다. 29회차까지는 흰 배경에 검은색 글자가 나타나는 방식으로 똑같이 진행하다가 30회차에서는 검은색 배경에 흰색 글자가 나타나도록 했다.

이러한 변화에 깜짝 놀란 참가자들은 점이 낱말 위에 있는지 아래에 있는지를 대답하는 데 더 시간이 걸렸다. 게다가 참가자들은 놀랐을 때, 본 낱말이나 점의 위치는 기억했지만 놀라움을 느끼지 못한 순간에는 이를 기억하지 못했다.

놀라움은 다시 주목하게 만들어서 낱말이나 점의 위치를 기억하도록 한다.

또 다른 연구(Teixeira et al., 2012)는 광고를 시청할 때 무엇이 시청자에게 놀라운 감정을 일으키는지를 밝혔다. 실험 참가자들은 28편의 광고를 보고 다음과 같은 감정을 느꼈다.

- 14편은 '중립적'인 감정
- 7편은 즐거움
- 7편은 놀라움

참가자는 다음 광고를 보기 위해 광고를 건너뛰거나 광고의 웹 사이트에 접속하기 위해 링크를 클릭할 수 있었다.

연구자들의 가정과 일관되는 결과로, 놀라움과 기쁨은 효과적으로 주의를 집중시키고 시청자의 충성도를 구축한다. 놀라움은 기쁨보다 더한 감동을 주고 더 많은 관심을 끈다.

강렬한 감정을 일으키고 그 감정이 고조된 상태로 끝나는 광고가 가장 효과적이었다. 이를 '정점 및 안정 궤도(peak and stable trajectory)'라 한다.

또 다른 최상의 전략은 롤러코스터를 탄 것처럼 감정 기복이 나타나는 것이다. 따라서 놀라움은 주목하고 기억하게 만드는 강력한 방법이라고 할 수 있다.

적용하기

놀라움은 사용자의 충성도를 구축하고 여러분의 애플리케이션이나 인터넷 사이트, 제품을 언급하게 하며 이에 대해 기억하게 만드는 훌륭한 전략이다.

게다가 놀라운 감정은 불러일으키기도 쉽다. 애니메이션, 재밌는 메시지, 효과적인 그래프, 애플리케이션의 효과음으로도 가능하다.

놀라운 감정을 일으키는 유머

일전에 필자는 레 바비유즈(Les babilleuses)라는 쇼핑 사이트에서 인체 공학적 쿠션을 하나 주문했다. 처음 이용하는 쇼핑 사이트였다. 주문하는 동안 화면에 나타난 메시지들은 여느 사이트의 메시지보다 편안했고 친근했다. 신선하고 재밌는 경험이었다. 택배를 받고 상자를 뜯었을 때 이런 문구를 발견했다.

신선한 쿠션이 왔어요, 신선한 쿠션!

"쿠션에서 나는 냄새는 원료를 가열하는 순간, 증기가 팽창하는 과정에서 발생하고, 그 사이에 냄새는 10배 강해집니다. 화학제품을 사용하지 않았고 독성 위험도 없습니다. 단지 쿠션이 싱싱해서 그렇습니다. 생선과는 달리, 신선할수록 냄새가 나기 때문이죠. 냄새가 곧 없어진다는 것은 아시겠지만 불편하시다면 쿠션 덮개를 벗겨서 쿠션이 편히 숨 쉬도록 해 주세요. 그렇다고 세탁하실 필요는 없습니다. 저희 사이트의 페이지 하단에 쿠션 덮개를 쉽게 다시 씌우는 방법에 대한 튜토리얼도 있으니 많은 시청 바랍니다."

메시지가 재밌어서 인상적이었다. 나중에 다시 물건을 주문하고 싶다는 생각이 들면서 이 쇼핑 사이트를 기억하게 됐다. 성공적인 고객 경험의 사례이다!

핵심 정리

- 놀라움은 주목하게 하고 기억하는 데 효과적인 방법이다.
- 놀라움은 사용자의 충성도를 구축하고 여러분의 애플리케이션이나 인터넷 사이트, 제품을 언급하게 하며 이에 대해 기억하게 만드는 훌륭한 전략이다.
- 애니메이션, 재밌는 메시지, 효과적인 그래프, 애플리케이션의 효과음으로도 쉽게 놀라운 감정을 불러일으킬 수 있다.
- 사용자가 경험하는 동안 놀라움을 느끼게 하고 감정을 유지한 채 마무리되도록 하라.

6장

매력적인 스토리로
눈길 끌기

이 장에서 배울 것

좋은 경험의 첫 번째 조건은 좋은 스토리이다.
사용자가 경험하는 스토리, 그리고 주변 사람들에게 들려주는
스토리는 결국 사용자들이 다시 한번 말하고 싶은 마음이 들게 한다.
UX 디자이너로서 여러분은 사용자가 이야기 속 주인공이 된 기분을
들게 하는 좋은 시나리오처럼 사용자 경험을 구성해야 한다.
매력적인 서사 구성에서 영감을 얻고 더 많은 사용자들의 눈길을
끌도록 메타포를 활용하라.

스토리텔링을
활용하라

이론

"이야기 하나를 들려주려 한다……"

이러한 간단한 문장으로 시작하는 것이 주목받기 쉽다. 이유가 무엇일까? 우리는 이야기를 좋아하기 때문이다. 인지 기능 측면에서 특히 흥미로운 점은 우리의 뇌가 이야기를 다른 방식으로 처리하기 때문에 다른 형태의 정보보다 장점이 있다는 것이다.

이 분야의 연구들은 청자나 독자가 이야기 형태로 정보가 제공될 때 더 집중할 뿐만 아니라 내용을 더 쉽게 파악하고(Graesser, Singer & Trabasso, 1994) 기억한다는 (Meyers & Duffy, 1990) 것을 보여준다.

이야기가 전개되는 동안 우리는 상황 모델을 설정한다. 이야기에서 등장하는 여러 사건들을 토대로 인과 관계를 설정하고 이에 의미를 부여하게 만드는 것이 바로 이야기 구조다. 우리는 이야기를 듣거나 읽을 때 인과 관계를 파악하려고 한다. 그래서 독자나 청자는 파악한 이야기 구조를 토대로 현재의 사건과 과거의 사건을 연결한다.

그래서 시나리오나 스토리텔링은 설명하고 의미를 창조하는 데 긍정적인 교육 효과를 가져온다. 브랜드나 저명인사도 그들만의 '이야기'를 활용하려고 한다. 전설을 만드는 것 또한 이러한 이야기다.

적용하기

이야기만큼 인상에 남는 메시지를 전달하는 방법은 없다. 이러한 원리는 다양한 목적에도 적용할 수 있다.

- 방문객에게 길을 안내할 때
- 소프트웨어의 사용법을 설명할 때
- 제품 사용법을 설명할 때
- 브랜드를 소개할 때 등

이야기하는 것은 간단하다. 그림 6-1의 콰트르 생 캉즈(Quatre Cent Quinze) 사이트처럼 홈 화면에 짧은 문장으로도 브랜드의 포지션을 설명할 수 있다. 사람들을 모으고 새로운 문화를 여는 축구의 문화적 비전을 전하고 있다.

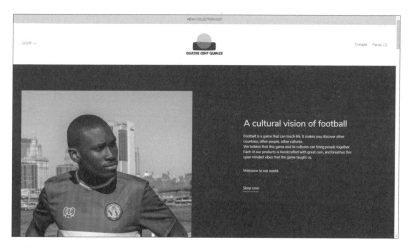

그림 6-1 **콰트르 생 캉즈 의류 브랜드의 홈 화면**

다음 단계를 거쳐 스토리를 구상하라.

1. 타깃 청자를 설정한다.
2. 최종적 메시지를 설정한다: 근본적 문제의 결말과 해결
3. 도입부에 주의하여 청자와 독자의 흥미를 끈다: 근본적 문제를 제시하고 주인공을
   설정한 후 배경을 만든다.

좋은 스토리의 프로토타입 구조

가령 여러분이 완결된 이야기를 담은 동영상을 만들고 싶다면 플롯 피라미드를 이용해
이야기를 이끌어갈 수 있다.

독일 극작가인 구스타프 프라이타크(Gustav Freytag, 1896)는 셰익스피어의 작품들
을 중심으로 이야기 전개의 뼈대 역할을 하는 다섯 단계의 플롯 피라미드 모델을 제시
했다.

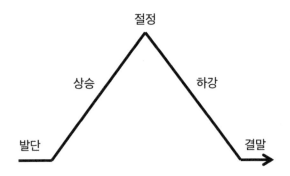

그림 6-2 **플롯 피라미드**

- **발단** 배경과 주요 인물들이 등장하는 최초의 상황이 묘사된다. 이 상황을 통해 독자나 청자는 전후 관계를 파악하고 이야기에 관심을 갖는다. 주인공에게 행동을 유발하는 계기가 빠르게 등장한다.

- **상승** 배경과 등장인물들을 설명한다. 최초의 상황이 다가올 혼란이나 돌발 사건의 매체가 된다. 긴장감이 구체적으로 고조된다. 징조나 사건, 최초 상황의 결과 등 상황을 혼란스럽게 만드는 사건이 발생한다. '위기'가 다가오고 등장인물들은 위기에 휘말리게 된다. 긴장감이 점차 고조되고 최초의 대립은 더욱 복잡해진다.

- **절정** 돌이킬 수 없는 결정적인 지점으로, 스토리에서 가장 극적인 긴장감을 주는 순간이다. 대립하는 궁극적인 고난의 순간이기도 하다.

- **하강** 긴장감이 다소 완화된다. 이 지점에서 모든 것이 끝났다는 생각이 들 수 있지만, 생각과는 달리 제2의 돌발 사건 혹은 예기치 못한 사건들이 불시에 벌어질 수 있다.

- **결말** 문제가 해결된다. 조사의 해결, 이야기의 결말을 맺을 사건이나 등장인물들의 행동 결과가 나타난다. '평상시'로 돌아가 이야기의 결론과 교훈을 제시한다.

플롯 피라미드를 따르는 짧은 스토리를 보면서 우리의 뇌는 (상승 단계와 절정에서는 코르티솔[1]을, 하강과 결말에서는 옥시토신[2]) 많은 양의 호르몬을 분비한다. 더욱 매력적인 이야기로 만들기 위해서 감정을 일으키는 것을 잊지 말자.

---

1) 스트레스 호르몬(원칙 21 참조)
2) 애정과 감정이입 호르몬(원칙 21 참조)

핵심 정리

- 스토리
  - 주의를 끈다.
  - 이해하기 쉽다.
  - 기억하기 더욱 쉽다.
- 스토리는 인상에 남고 감정을 일으키게 하는 기본적 도식인 플롯 피라미드를 토대로 구성된다.
- 더욱 매력적인 이야기로 만들기 위해서 감정을 첨가하자.
- 효과적인 스토리 구성 단계를 따르자.

여기서 잠깐!

코코 샤넬의 전설은 불분명한 일대기에서 시작됐다.

코코 샤넬의 공식적인 일대기는 감탄사가 절로 나오게 한다. 코코 샤넬은 어릴 적 어머니가 사망하면서 보육원에서 자랐지만 강인한 성격 덕분에 혼자서 자랐다는 이야기다.

그러나 그녀가 어머니의 친형제 집에서 유년 시절을 보냈다고 주장하는 앙리 퐁숑 (Henri Ponchon)이라는 사람이 등장하면서 그녀의 유년 시절은 논란이 됐다. 코코 샤넬은 괴짜로 알려졌고 진실과 거짓을 밝히는 데 혼란을 줘서 공식 전기 작가들을 미치게 만들었다.

그녀가 만든 인물과 브랜드는 전설적인 존재가 되어서 어쩌면 코코 샤넬의 놀라운 이야기 능력이 괜히 있는 것이 아닐지도 모른다.

사용자를 스토리 안으로 끌어들여라

이론

주인공들은 어떤 특징을 가지고 있는가?

이야기 속 주인공들을 결정하는 일반적인 '특징들'이 있다. 그중 몇 가지를 이용하면 가장 감동적인 주인공을 만들 수 있다.

- 주인공은 '부름'을 받은 평범한 사람으로 특별한 상황 때문에 어쩔 수 없이 선두에 서게 된다.
- 처음에는 임무를 받아들이기 꺼리다가 결국에는 승낙하면서 마지못해 주인공이 된다.
- 첫발을 내딛게 만드는 사람이나 상황을 마주한다.
- 주인공을 시험하는 상황에 맞선다.
- 다행히 그를 돕는 사람들을 만난다.
- 어떤 일이 있더라도 주인공은 끔찍한 시련을 겪게 된다.
- 이 시련을 이겨내고 보물을 얻게 되며 수수께끼를 풀거나 문제의 해결책을 발견한다.
- 세상을 구한다.

이야기의 청자나 시청자는 자연스럽게 주인공에 동화되는 경향이 있다. 감정 이입이 일어날 때 청자나 시청자는 기쁨, 슬픔, 분노, 불안, 놀라움 등 주인공과 같은 감정을 느낀다.

> ## 스토리는 뇌 활동을 활발하게 하고 호르몬을 자극한다.
>
> 스토리는 뇌 활동을 더욱 활발하게 만든다. 뇌를 자극하고 감각 영역, 운동 피질, 감정 이입과 관련된 영역 등 뇌의 몇몇 영역의 기능을 활성화한다. 따라서 이야기를 들으면 뇌는 더욱 자극을 받는다.
>
> 이야기에 감정을 첨가할 경우에는 호르몬 분비가 촉진된다.
>
> - 불안한 이야기는 스트레스 호르몬인 코르티솔을 분비시킨다.
> - 감동적인 이야기는 애정의 호르몬인 옥시토신을 분비시킨다.
> - 행복한 결말을 맺는 이야기는 긍정과 행동의 호르몬인 도파민을 분비시킨다.
>
> 시나리오(*스토리텔링*)를 이용해 사용자를 그 중심에 놓으면 감정 이입 효과가 증대된다.

적용하기

*디자이너*에게는 사용자를 이야기의 중심에 놓는 두 가지 방식이 있다.

- **제품이나 서비스의 소개**
- **다양한 방법의 활용**

제품이나 서비스의 소개

영화 〈더 울프 오브 월 스트리트(The Wolf of Wall Street)〉에서 주인공을 연기한 레오나르도 디카프리오는 그의 직원 한 명에게 이렇게 요구한다. "이 펜을 나한테 팔아보세요." 그러자 직원은 그 펜의 특징들을 나열한다. 하지만 더 좋은 방법은 그 펜을 사용해야 할 상황에 청자를 놓는 것이다.

여러분도 알다시피, 이야기하면서 제품을 제안하는 것은 우리가 사용자에게 제안하고자 하는 것을 단순히 묘사하는 것과는 차원이 다르다.

그는 어떻게 중고차를 40배나 높은 가격으로 팔았는가?

물론 좋은 이야기를 곁들였기 때문이다!

미국에 있었던 일이다. 어떤 사람이 이베이(eBay)에 그의 중고차를 499달러에 내놨다. 판매되기도 전에 그가 유튜브에 게시한 광고는 600만 뷰를 기록했고 결국 중고시장에서 가격 비교도 없이 2만 달러에 팔렸다.

그는 짧은 동영상과 함께 중고차 매물을 사이트에 올렸다. 그것은 자동차 소유주의 이야기였다. 룸미러를 보며 머리를 정돈한 그는 음악을 틀고 시동을 건다.

동영상은 보이스 오버를 통해 시청자에게 직접 이야기한다. "여러분은 돈에는 관심이 없죠. 이미 원하는 것을 다 가졌기 때문이에요. 여러분은 체면상 그러는 것이 아니라, 잘해 나가고 싶기 때문이죠." 이 메시지가 삽입되면서 차주는 산 물건들을 한 아름 품에 안고서 커피를 한 모금 마시고는 여유롭게 차를 출발시킨다. 동영상을 보면 이 사람은 자신이 이미 주변에 필요한 모든 것을 가지고 있다는 생각이 든다. 완벽한 사람이 되기 위해 물건이 필요하지는 않은 것이다.

이 광고는 이런 메시지로 끝이 난다. "물질이 아닌 정신이 명품을 만든다." 차주는 환상적인 일몰을 보며 자동차 보닛 위에 앉아 샌드위치를 먹고 있다. 이미 모든 것을 가진 사람이라는 느낌을 준다.

이 메시지에 시청자들은 동화됐다. 또한, 중요한 것은 외형이 아니라 삶에서 무언가를 하는 것이라고 제안했다. 동영상을 보면서 차주가 부자라는 생각이 들지는 않지만 원하는 것을 이룬 사람이라는 생각은 든다. 이 중고차를 구매하는 것은 단순히 중고차를 사는 것 이상으로, 외형이 중요한 것이 아니라 차주 자체가 중요하다는 '라이프 스타일'을 사는 것이라 할 수 있다. 광고가 구매자의 가치를 높여준 것이다.

다양한 방법의 활용

UX 디자인에서는 디자인팀이 고객, 혹은 의사결정자를 마주했을 때 메시지를 전하기 위해 이야기를 이용한 다양한 방법들을 활용할 수 있다. 가장 유명하고 널리 쓰이는 방법은 다음과 같다.

- *시나리오(스토리보드)* : 만화처럼 삽화가 있는 짧은 스토리로 혼자 혹은 여러 명의 사용자들과 제품 및 서비스를 연결하는 인터랙션을 제시한다.
- *경험 지도(experience map)* : 사용자와 제품-서비스 간 인터랙션을 연대순으로 나타낸다. 인터랙션 중이나 전후에 사용자 행동이나 사용자가 생각하는 것, 느끼는 것에 집중한다.
- *페르소나(persona)* : 사용자가 누구인지, 무엇을 원하고 필요로 하는지 구체화하면서 제품-서비스를 이용하는 다양한 사용자들의 모델을 제시해야 한다.

이 방법들은 이야기에 대한 우리의 취향을 수단으로 이용한다. 디자인팀에서 팀원들의 협력을 위해 이 방법들을 권장하는 이유이기도 하다(Lallemand & Gronier, 2018).

어떤 방법을 선택하든 사용자를 위해서 스토리를 적극적으로 이용해 여러분의 의사 결정자나 동료들과 공감대를 형성해야 한다. 스토리를 그들의 입장에 적용해 보자. 여러분의 일이 그들에게 얼마나 도움이 되는지 보여줄 기회다. 플롯 피라미드(원칙 20 참

그림 6-3 팀에서 활용할 수 있는 방법

조)를 이용해 스토리를 구성하고 다양한 전략으로 그들이 주인공에게 동화되도록 하자.

스토리의 전개도 주의해야 한다. 극적인 긴장감을 유지하고 활용하자.

이야기는 짧아야 한다. 그러기 위해서는 극적 긴장감이 빨리 시작되어야 사람들이 이야기에 집중한다. 등장인물들과 배경을 설정할 시간이 많지 않기 때문에 알려진 사실들이나 스테레오타입을 이용해야 하고 감정이 어떠한지 완벽하게 드러나야 한다.

그렇다면 이제 아름답고 영감을 주는 이야기를 구성할 만반의 준비가 됐는가?

핵심 정리

- 주인공의 특징들을 이용해 사용자가 주인공에게 감정 이입하도록 만들자.
- 이야기는 뇌를 자극하고 다양한 호르몬 분비를 촉진시킨다.
- 1) 다양한 방법을 활용하고, 2) 제품이나 서비스를 소개할 때 짧고 압도적인 이야기를 이용하자.

사용자의 자발적 참여를 이끌어 내라

이론

자발적인 행동만큼 사람을 참여시키는 강력한 방법은 없다.

우리는 어떤 행동을 한 순간부터 그 상황과 연관되어 있다고 느낀다. 가령 여러분이 자동차 판매점에 가서 신차를 시승해 본다고 하자. 여러분은 판매원과 연관되어 있다고 느낄 것이다. 그렇다고 여러분이 자동차를 구매하게 된다는 의미는 아니다. 하지만 이런 감정 때문에 깨달을 새도 없이 브랜드에 대한 여러분의 생각이 바뀔 수는 있다. 자동차를 시승하기 위해 고심 끝에 그 매장에 다시 방문하게 된다면 더욱 그렇다. 물론 신중하게 그런 선택을 할 수도 있지만 그럼에도 특별한 상황들이 여러분이 그런 선택을 하도록 부추겼다는 점은 사실일 것이다. 또 다른 예를 들어보자. 여러분은 기차나 비행기를 기다리며 시간을 허비하고 있다. 이때 여러분이 선호하는 자동차 브랜드의 신차를 시승해 보라고 제안을 받았다. 당연히 시승해 보지 않겠는가? 여러분은 기꺼이 즐거운 마음으로 제안에 응하게 된다. 여러분의 행동이 여러분을 참여시킨 것이다.

원리는 간단하다. 타인의 강요 없이 자신의 의지대로 자유롭게 행동하게 되면 연관성이 생기는 것이다.

인터넷 사이트에 사용 평가를 작성하는 등의 공개적인 행동일 경우에는 더욱 연관성이 깊다.

사람은 요청받은 행동을 자유롭게 승낙하거나 거절할 수 있다는 느낌을 받을 때 요청에 더욱 쉽게 승낙하게 된다. 그래서 요청하는 방식이 제일 중요하다.

더욱이 여러분이 상대방을 위한 일은 아니지만, 의도 없이 부드럽게 상대방에게 무언가를 요청한다면 상대방은 그만큼 더욱 쉽게 허락할 것이다.

적용하기

여러분의 고객은 여러분의 서비스나 제품에 대해 높이 평가하지만, 결코 다른 사람들에게는 이를 알리지 않을 수도 있다. 어떻게 하면 서비스나 제품에 만족한 고객이 홍보 대사처럼 다른 고객들에게 이를 알리도록 할 수 있을까?

그 답은 간단하다. 행동할 수밖에 없도록 만드는 것이다. 그 순간부터 여러분의 제품이나 서비스와의 연관성 때문에 고객은 자신의 행동에 일관성을 유지하려고 다른 곳에서 더욱 잘 홍보할 것이다.

이를 위해서 고객이 상품평을 작성하거나 상품을 추천하고 만족도 조사에 응하도록 제안하자.

참여 방법이 간단해야 한다. 서비스를 이용하자마자 별표를 클릭해 만족도 점수를 주는 경우가 그림 6-4에 해당된다. 긴 시간을 요구하지 않기 때문에 응하기 쉽다.

그림 6-4 **사용자들은 별표를 클릭해 만족도 점수를 준다.**

그런 다음 일반적으로 여러분은 상품평을 남겨달라는 제안을 받는다. 여러분은 이미 상품평을 남기는 행동에 관여하고 있기 때문에 비록 더 긴 시간과 노력이 들더라도, 여러분은 덜 수고로운 첫 번째 행동을 마친 이상, 상품평을 작성할 가능성이 더 높다. 이를 풋 인 더 도어(foot-in-the-door) 기법이라 한다. 이 기법은 처음에는 상대방에게 덜 수고로운 행동을 유발하고 나중에는 이보다는 조금 더 어려운 행동을 요청하는 것을 말한다. 이미 자의로 참여한 경험이 있기 때문에 동의를 받을 가능성이 더욱 크다.

핵심 정리

- 허락된 자발적인 행동이 사용자를 참여하게 만든다.
- 사용자를 참여시키기 위해서는 사용자가 상품평을 작성하거나 상품을 추천하고 만족도 조사에 응하도록 제안하자. 여러분의 서비스와 연관성이 깊어진 사용자는 주변 사람들에게 여러분의 서비스를 알리는 역할을 하게 될 가능성이 더 높다.

3부

참여를 이끌어 내라

여러분은 사용자의 시선을 사로잡고 마음을 움직이는 법을 알게 됐다.
이제 남은 것은 사용자의 충성도를 구축하는 것이다.
가장 쉬운 방법은 다음의 원칙들을 사용하는 것이다.
사회적 영향력으로 설득하고 휴먼 인터페이스로 감정을 일으키며
호소력으로 결국 사용자가 여러분을 지지하게 만들어
행동을 유발하는 것이다.

7장

사회적 영향력
이용하기

이 장에서 배울 것

———

우리는 사회적 존재다. 그래서 사회적 환경이 우리의 대부분
행동을 결정한다. 사용자들을 참여시키기 위해서는 어떻게 이 점을
이용해야 할까? 이 장에서는 여러 예시와 함께 다양한 수단들을
제시한다. 사회적 영향력을 이용하여 사용자들의 참여 경험을 향상
하기 위한 자원들을 발견할 수 있을 것이다.

사용자에게
동기를 부여하라

이론

무엇이 우리로 하여금 행동하게 하는가? 이 질문에 대한 답을 찾기 위해 포그(Fogg, 2009)는 행동을 유발하는 요소들을 모델로 제시했다. 동기와 능력 그리고 촉발제가 그 요소다.

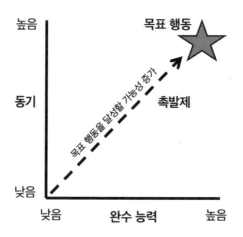

그림 7-1 포그 모델(2009)

동기가 낮을 경우 촉발제가 일정 수준을 넘어서기만 하면 실행하기 쉬운 행동을 유발할 수 있다. 가령 설거지(낮은 동기)에 동기 부여가 되지 않을 때 배우자가 부드럽게 부탁(촉발제)한다면 여러분은 아마도 승낙하게 될 것이다. 실행하기 쉬운 행동(완수 능력 높음)이기 때문이다.

반대로 효과적인 촉발제가 있다면 강한 동기가 있는 복잡한 행동도 유발할 수 있다. 예를 들어 여러분이 선박 운항 자격증을 받기 위해 몇 년 전부터 의욕적으로 준비(강한 동기)를 해 왔다면 친한 친구가 투자의 의미로 살 만한 배를 함께 보러 가자고 여러분에게 제안(촉발제)할 경우 여러분은 자격증을 받기 위해 부단히 노력(완수 능력 낮음)할 것이다.

동기 부여

포그는 동기를 강화할 수 있는 세 가지 촉발제를 다음과 같이 정의했다.

- 즐거움과 고통: 우리 안에 깊게 자리한 자극제다.
- 희망과 공포: 즐거움이나 고통보다 더욱 강력하고 지속력 있다. 우리가 공포심을 이겨내기 위해 고통을 참을 때와 비슷하다. 치과에서 치료를 받을 때, 심각한 치아 문제를 해결하기 위해 고통을 참는다. 데이트 사이트에 가입하면서 희망에 차기도 하고 공포심에 컴퓨터에 백신 프로그램을 설치하거나 집에 설치할 경보기를 주문하기도 한다.
- 동의나 사회적 거절: 페이스북 같은 소셜 네트워크에 게시물을 올리도록 우리에게 동기를 부여하는 것이다.

완수 능력

쉽게 행동을 완수할 수 있다는 지각이 완수 능력에 유리하게 작용한다. 이 모델은 행동을 유발하는 여섯 가지 자원을 제시하고 있다.

- 시간: 목표 행동을 완수하는 데 필요한 시간이 짧을수록 완수하기 쉬워 보인다.
- 돈, 육체적 노력, 지적 노력: 무료 혹은 아주 적은 돈을 지불할 경우 육체적 혹은 지적 노력을 들이지 않는다.
- 사회적 일탈: 사회적 규범에 반하는 행동일 경우 완수하기 더욱 어려워진다.
- 비일상: 일상적인 일이라면 행동하기 더욱 쉽다. 그런데 여기에 변화가 있다면 행동은 복잡해질 것이다.

적용하기

설득력을 가질 수 있는 기술은 무엇일까? 포그는 그의 저서 《설득의 기술: 컴퓨터를 이용하여 우리의 생각과 행동 바꾸기(Persuasive technology: using computers to change what we think and do)》(2003)에서 설득력을 높이기 위한 여러 기술들을 설명했다. 그중 몇 가지를 소개한다.

단순화

간단한 작업만으로 복잡한 행동을 단순하게 만드는 시스템은 더욱 설득력 있다(예: 폭넓은 사양의 제품들 가운데 한 제품을 선택할 수 있게 해 주는 인터넷 사이트).

Quelleenergie 사이트는 집에서 사용하는 에너지의 양을 줄일 수 있는 방법을 찾아준다(그림 7-2). 이 사이트에서는 간단한 양식을 채우게 하고 실천할 수 있는 권고 사항들을 제시한다.

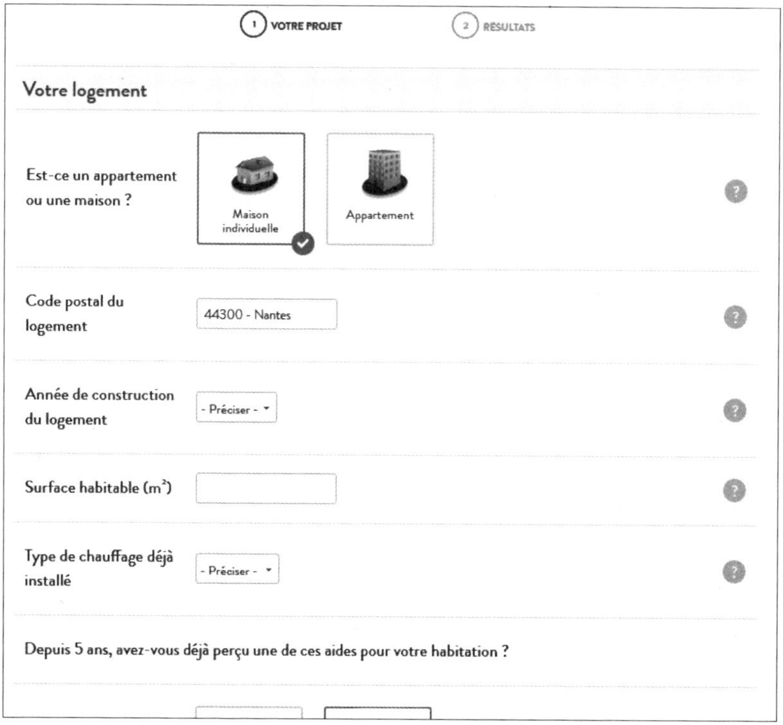

그림 7-2 권고 사항들을 받기 위한 질문지

터널 효과

시스템은 목표 행동을 완수할 수 있는 방법들을 제시하여 사용자들이 변화 과정을 따라올 수 있도록 안내해야 한다. 예를 들어 애플리케이션 90 jours(90일이라는 의미)는 환경 보호를 위한 목표들을 달성하자고 제안한다.

그림 7-3 애플리케이션 90 jours 스크린 숏

개인화

정보가 필요할 때, 특히 사용자의 관심과 성향에 맞을 때 정보는 더욱 설득력 있다.

자기 점검

시스템을 통해 성과나 완료된 목표에 대한 기록을 저장할 수 있다. 가령 일부 애플리케이션은 금연한 기간이나 운동 효과가 어떤지를 알려 준다.

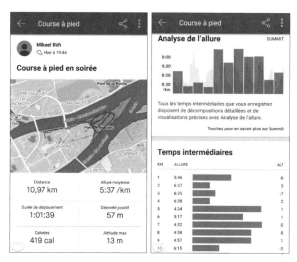

그림 7-4 달리기 성과를 저장할 수 있는 애플리케이션 Strava 스크린 숏

알림

정기적으로 알림을 받으면 사용자가 목표에 도달할 가능성이 더욱 높아질 것이다.

제안

시스템이 적절한 순간에 사용자에게 제안하면 그만큼 효과가 클 것이다. 예를 들면 가족끼리 간식을 먹을 때, 아이에게 케이크보다 사과를 먹어보라고 권하는 것이다.

평가

시각적으로 더 매력적인 시스템일수록 설득력이 높아진다. 그러니 디자인에 더 공을 들이자!

사회적 역할

건강 애플리케이션이 여러분에게 운동 정보나 건강에 대한 조언들을 제공하는 것처럼 시스템은 설득을 목표로 완벽한 사회적 역할을 할 수 있다.

그림 7-5의 임신 관련 애플리케이션은 임산부를 위한 운동, 태아 발달, 추천 음식 등 임신 주 수에 따라 일상에서 실천할 수 있는 조언들을 제공한다.

그림 7-5 애플리케이션 Ma grossesse aujourd'hui 스크린 숏

핵심 정리

- 포그는 모델(2009)을 통해 동기 부여와 완수 능력 사이에는 절충이 존재하는데 이 절충을 행동을 쉽게 실행할 수 있다는 지각으로 규정했다. 촉발제가 일정 수준을 넘어서면 행동을 유발할 수 있다.
- 즐거움이나 고통, 희망과 공포, 사회적 동의나 거절로 동기 부여는 강화된다.
- 완수 능력은 돈, 시간, 육체적 혹은 지적 노력, 사회적 일탈, 비일상과 관련 있다.
- 설득력을 높이기 위한 기술들
    - 단순화
    - 터널 효과
    - 개인화
    - 자기 점검
    - 알림
    - 제안
    - 평가
    - 사회적 역할

상호적인 관계를 형성하라

이론

프랑스의 사회학자인 뒤르켐(Durkheim)의 조카이자 '프랑스 인류학의 아버지'로 불리는 마르셀 모스(Marcel Mauss)는 1925년 《증여론》을 출간하면서 이 분야에서 한 획을 그었다. 그에 따르면 증여는 총체적 사회적 사실로, 돌려주기를 내포하고 있다. 이는 주기, 받기 그리고 보답이라는 떼려야 뗄 수 없는 요소들로 구성되어 있다.

누군가가 우리에게 무언가를 '줄' 때, 우리는 똑같이 무언가를 '돌려줘야' 한다는 의무를 느낀다. 이것이 상호성(reciprocity)이다.

포그와 그의 동료 연구자들은 한 가지 실험을 통해 우리가 컴퓨터 앞에 앉아 있을 때도 이러한 상호성이 일어나는지 살펴봤다.

포그는 실험 참가자들에게 컴퓨터에서 특정 정보를 찾아 달라고 요청했다. 사막에서 생존하는 것을 목표로 가치에 따라 대상을 분류하라는 내용이었다. 이를 위해 참가자들은 이러한 구체적인 상황에서 각각의 대상이 어떻게 쓰이는지에 대한 생각을 정리하기 위해 대상에 대한 정보를 얻어야 했다. 이 실험은 웹이 대중화되기 전에 진행된 실험으로, 한정된 데이터베이스에서 정보를 찾는 방식으로 진행했다.

참가자들 중 절반은 시스템의 도움을 받았다. 이들은 시스템을 통해서 매우 정확하고 적절한 정보들에 접근하고 다양한 데이터베이스에서 정보를 찾는 방법을 알게 됐다. 나머지 절반은 컴퓨터에서 상대적으로 부족한 정보들을 제공받았다. 모든 참가자들은 같은 컴퓨터와 같은 인터페이스를 사용했지만, 그들이 검색으로 받은 정보의 질은 달랐다.

분류를 마치고 나서 참가자들은 첫 번째 요청과는 상관없는 작업을 요청받았다. 인간 지각에 대한 색채 팔레트를 만들어 달라는 것이다. 참가자들은 가장 밝은색부터 가장 어두운색까지 세 가지 색으로 분류했다. 그들이 원하는 만큼 작업을 완수하고 원할 때 그만둘 수 있었다.

컴퓨터의 도움을 받았던 참가자들은 그렇지 않은 참가자들보다 두 배 더 많은 색을 분류했다.

우리는 이 실험을 통해 더 많은 도움을 받은 그룹은 만족도가 높고 기분 또한 활기차서 두 번째 작업에도 참여해야 한다고 느낀 반면, 다른 그룹은 연구자들에게 컴퓨터를 바꿔 달라고 요구했다. 그중에서 실험이 진행되는 동안 계속 같은 컴퓨터를 사용한 사람들만이 더 많은 양의 정보를 처리했다. 따라서 사람들은 첫 번째 요청에서 도움을 준 컴퓨터에 도움을 주고자 하는 상호 효과가 발생한 것이다.

포그는 사람들이 기술 시스템의 도움을 받았을 때 상호성이 필요함을 느낀다고 실험에 대한 결론을 내렸다.

적용하기

이렇게 상호 관계를 자연스럽게 여기는 성향을 다양한 경우에 활용할 수 있다. 사용자에게 '무료' 서비스를 제공한 후 사용자들에게 여러분을 도와달라고 요청하면서 이러한 성향을 이용해 보자.

- 백서 자료를 제공하고 대신 상대방의 연락처를 요청한다.
- 블로그에 기사를 게시한 후 *뉴스레터* 등록을 제안하거나 여러분의 서비스를 제공한다.
- 비디오 게임, 사용자에게 유용한 정보, 인터랙션을 자유롭게 이용하도록 한 후 사용자에게 기부를 제안한다.
- 발송 리스트를 토대로 정기적으로 무료 콘텐츠를 이메일로 제공하면서 사용자의 충성도를 공고히 한다.
- 구매 후 사은품을 보낸다. 고객은 구매한 의류와 함께 무료 액세서리를 받게 된다.
- 사용자에게 여러분의 서비스를 친구에게 추천하라고 요청한다.

핵심 정리

- 누군가가 우리에게 무언가를 '줄' 때, 우리는 똑같이 무언가를 '돌려줘야' 한다는 의무를 느낀다. 포그에 따르면 우리는 기술 시스템의 도움을 받았을 때 상호성이 필요함을 느낀다.
- 상호성에 대한 자연스러운 경향을 이용해 사용자에게 '무료' 서비스를 제공한 후 여러분을 도와달라고 요청하자.

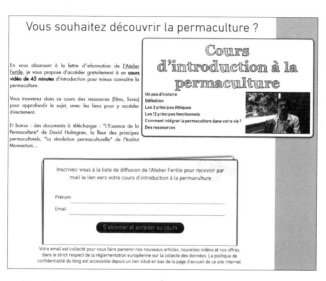

그림 7-6 사용자의 이메일 주소에 대한 대가로 무료 콘텐츠를 제공한 예시

원칙 25

사회적 증거를 활용하여
신뢰도를 높여라

이론

인간인 우리는 많은 사람 혹은 내가 신뢰하는 사람이 나의 선택을 채택했을 때 안심한다. 이러한 사회적 증거(Social Proof)를 사용자에게 적용해 보자.

미국의 사회심리학자 로버트 치알디니(Robert Cialdini)는 그의 저서 《설득의 심리학》에서 다음과 같이 적고 있다.

"일반적으로 다수의 사람이 하는 행동을 선택하는 것이 최선이다. 이러한 사실 검증은 사회적 증거의 강점이자 약점이다. (중략) 사회적 증거는 편리한 지름길이지만 그와 동시에 지름길에 숨어 있는 부당 이득자들의 습격으로 차용해 온 것이 속수무책이 되기도 한다."

사회적 증거는 신뢰도를 높이는 한편 채택을 독려한다.

적용하기

서비스에 가치 부여하기

여러분의 기사를 다수의 사람이 봤다거나 여러분의 제품이 별 다섯 개를 받은 것 혹은 여러분의 책이 좋은 평가를 받았다는 사실을 알리는 것이다.

- 페이스북이나 링크드인, 트위터에 공유된 수를 표시한다.
- 고객의 경험담을 소개한다. 그중 최고의 방법은 영상으로 소개하는 것이다.
- 여러분의 서비스를 사용했거나 투자한 유명 인사나 기업을 알린다.
- 유명한 고객의 경험담을 기업이나 개인의 이름, 사진, 사용 후기 등을 활용해 가능한 한 자세히 알린다.

그림 7-7 서비스에 가치를 부여한 team officine 사이트의 고객 후기들

사회적 증거를 활용할 때 세 가지 위험에 빠질 수 있다.

- 타깃이 아닌 사람들에게 전달될 수 있다. 가령 어떤 유명인에게 여러분 제품의 장점을 알려 달라고 요청하지만, 이 유명인은 여러분의 목표와는 반대로 행동할 수 있다. 그러면 여러분의 제품은 신뢰를 잃게 된다.
- 적은 공유 수를 게시한다면 사용자에게 서비스를 이용하고자 하는 마음을 일으킬 수 없다.
- 인터넷 페이지가 길어지고, 자주 접속하지 않는 사람들을 불편하게 한다.

어떤 기사를 통해 제니퍼 카르델로(Jennifer Cardello, 2014)는 제기할 질문과 이를 해결하기 위해 사용할 수 있는 방법들을 제안했다.

제기할 질문	사용법
서비스에 대한 문제점에 활용할 수 있는 사회적 증거는 무엇인가?	후기나 평가에 대해 A와 B로 나눠 테스트한다. 어떤 사회적 증거가 더욱 효과적일지 판단한다.
사회적 증거는 신뢰에 영향을 미치는가?	신뢰만을 주제로 만든 질문지로 사용자 테스트를 진행한다. 질문지 예시: "1~7점까지 이 셀렉션의 신뢰도는 어느 정도입니까?"
여러분이 사용자에게 제시하는 사회적 증거들을 사용자들이 눈여겨보는가?	사용자 테스트를 진행한다.
사용자에게 사회적 증거들이 과도하게 제시되는가?	사용자 테스트를 진행하면 사회적 증거들이 인터페이스를 가득 채우고 혼잡하게 만들지는 않는지 알 수 있다.
사회적 증거들이 인터넷 페이지를 느리게 만드는가?	페이지 로딩 속도를 측정해 다양한 접속 조건에 적합한지 판단한다.

표 7-1 제니퍼 카르델로가 제시한 사회적 증거 활용을 위해 제기할 질문과 사용법

핵심 정리

- 사회적 증거는 신뢰도를 높이는 한편 채택을 독려한다.
- 권고 사항
  - 페이스북이나 링크드인, 트위터에 공유된 수를 표시한다.
  - 고객의 경험담을 소개한다. 그중 최고의 방법은 영상으로 소개하는 것이다.
  - 여러분의 서비스를 사용했거나 투자한 유명 인사나 기업을 알린다.
- 주의 사항
  - 타깃 고객에 해당되는 사용자들에게만 전달한다.
  - 많은 공유 수나 긍정적인 평가를 게재한다.
  - 인터넷 페이지가 무거워지지 않도록 한다.
- 사회적 증거가 적당한지 질문지를 통해 파악한다.

사회적 영향력을
설득적 기술로 활용하라

이론

1990년대 말, 설득 기술의 창시자인 포그(2003)는 설득력을 높일 수 있는 기준들에 대해 연구했다. 그중에서도 사회적 영향력이 강력한 효과가 있었는데 사회적 영향력으로 같은 문제를 가진 사용자들 사이에서 지지를 얻었기 때문이다.

사회적 영향력을 발휘하는 다양한 요소들이 있다.

- **사회적 학습**
- **사회적 비교**
- **규범적 영향력**
- **사회적 촉진**
- **협동**
- **경쟁**
- **인식**

적용하기

이제 이 요소들이 담고 있는 내용과 실행 방법을 알아보자.

사회적 학습

목표 행동을 하는 사람을 관찰하는 인터페이스를 이용하면 행동으로 옮기는 데 더욱 동기 부여가 될 것이다. 보상을 제공할 수도 있다. 예를 들어 운동 애플리케이션을 통해 사용자들은 매일 달성한 목표를 서로 교류할 수 있다.

사회적 비교

사회적 비교는 타인과의 비교에서 시작한다는 점만 제외하면 사회적 학습과 유사하다. 즉, 사용자가 자신의 능력을 타인과 비교하는 것이다. 잘 해내기 위해 더욱 동기 부여될 수 있다.

예를 들어 프랑스 전력공사(EDF)는 해당 가계의 전력 소비량을 가족 구성원 수나 난방기 등의 설비 유형, 주택 면적 등이 비슷한 다른 가계의 전력 소비량과 비교해 제시한다(그림 7-8).

그림 7-8 비슷한 형태의 가계들의 전력 소비량 비교

규범적 영향력

규범적 영향력은 효과적인 방법이다. 즉, 사회적 압력으로 행동을 유발할 가능성을 높일 수 있다. 이런 경우 인터페이스는 같은 사회적 규범을 가진 사람들을 모아야 한다. 한데 모인 사람들은 더욱 단결하게 된다. 프랑스의 동물 보호 단체인 L214 협회는 '채식주의자(베지테리언)'가 되고 싶은 사람들을 지지하기 위해 '베지 챌린지(Veggie challenge)'를 제안한다. 채식주의자들을 위한 일상적인 정보들을 제공할 뿐만 아니라 페이스북을 통해 그들의 신념을 북돋고 사회적 지지를 보내기도 한다.

그림 7-9 L214 협회의 '베지 챌린지'

사회적 촉진

타인과 목표 행동을 비교하면 목표 행동을 실행에 옮길 가능성이 더 커진다. 스마트워치와 연동되는 만보기 애플리케이션을 예로 들어 보자. 이 애플리케이션은 다른 사용자의 걸음 수를 비교하고 해당 애플리케이션을 사용하는 사람들의 커뮤니티를 소개한다. 사용자들은 사용자별 등급을 통해 종합 평가를 확인할 수 있다. 또한, 다른 사용자에게 도전할 수도 있다. 게임처럼 중독성 있는 방식으로 운동에 동기를 부여한다.

그림 7-10 삼성 헬스 애플리케이션의 글로벌 도전 스크린 숏

협동

인간은 협동하려는 경향이 있다. 투쟁이나 소송을 함께 할 때는 심지어 일면식도 없는 상대방과 함께 서로를 지지한다. 이러한 인간의 경향을 애플리케이션이나 인터넷 사이트에 이용할 수 있다. 토론 게시판이 그 예이다.

그림 7-11 Quit now 애플리케이션의 금연을 지지하는 게시판 스크린 숏

경쟁

경쟁은 협동과 매우 흡사하게 행동을 유발할 수 있는 자연스러운 경향이다.

인식

행동을 유발하기 위해 공공의 인식을 높이자. 예를 들어 이달의 목표를 달성한 사람을 지명하는 것이다.

핵심 정리

- 포그(2003)는 설득력을 높일 수 있는 요소들인 사회적 학습, 사회적 비교, 규범적 영향력, 사회적 촉진, 협동, 경쟁, 인식에 대해 연구했다.
- 이러한 기준들은 사회적 영향력을 이용하는 데 폭넓은 수단이 된다.

8장

휴먼 인터페이스

이 장에서 배울 것

사용자들은 디지털 커뮤니케이션을 차갑고 멀게 느낀다. 이를 해소하기 위해 인간의 표현이나 인간처럼 행동하는 캐릭터를 이용해 더욱 인간 공학적 인터페이스를 만들어 보자. 특히 표정은 빠르고 확실하게 감정을 전달한다. 제스처 또한 메시지를 강조한다. 모방은 사용자와의 질 높은 인터랙션을 구성하는 또 다른 방법일 수 있다. 인간 또는 휴머노이드의 표상이 얼마나 효과적인지 유념하자!

비언어적 표현을 활용하라

이론

서로 소통할 때 비언어가 중요한 역할을 한다는 것을 우리는 일상생활에서 확인하게 된다. 상대방이 눈살을 찌푸리면 우리는 내용을 다시 한번 전달하고 시선은 우리의 주의를 끌어당기며 제스처는 말없이도 이해할 수 있다.

긴 이야기보다 한 장의 이미지가 낫다. 메시지가 확실하게 전달되는 제스처를 취할 때만큼은 더욱 그렇다.

아기들은 언어를 배우기 전에 제스처, 흉내, 자세, 억양으로 메시지를 이해한다. 비언어는 매우 섬세한 역할을 하지만 사회적 상호 관계에서는 매우 핵심적인 역할을 한다. 심지어 공감할 수 있거나 중립적인 제스처가 동반된 말은 그 이상의 효과가 있다.

더욱이 비언어적 행동 또한 두 개인 간의 상호 작용을 조절한다. 가령 시선은 다른 누군가가 발언하고 싶다거나 발언 순서를 넘기겠다는 의사를 전하기도 한다(Kendon, 1967).

비언어적 행동, 특히 표정은 쉽고 빠르게 감정을 전달한다. 감정은 사용자에게 제공할 수 있는 경험 중에서 무엇보다 중요한 역할을 한다.

발언 순서를 관리하는 매우 섬세한 메커니즘

미국의 연구자인 아담 켄든(Adam Kendon)은 한 실험에서 녹화된 동영상을 통해 두 사람 간의 대화를 자세히 측정했다. 그는 특히 두 대화자의 시선 방향을 중점적으로 관찰했다. 연구 결과는 매우 인상적이었다.

- 들을 때보다 말할 때 상대방을 쳐다보는 시간이 짧았다.
- 상대방에게 발언 순서를 넘기려고 준비할 때 말을 멈추기 전 1~2초간 상대방을 뚫어지게 쳐다본다. 그 후 상대방이 말하기 시작하면 시선을 거둔다. 반대로 들을 때는 말하기 전까지 상대방에서 시선을 거둔 후 그의 차례가 왔을 때 다시 상대방을 쳐다본다.
- 시선의 방향이 바뀌는 것과 동시에 머리나 상체의 방향도 바뀐다.
- 따라서 시선의 방향은 발언 순서의 점유와 종료를 의미하는 강력한 표시다.
- 다른 저자들도 상호 이해에서 시선이 담당하는 중요한 역할을 밝혔다. 시선은 대화자들에게 자신의 이익이나 상호 이해에 대한 정보를 주고 상호 작용에서 언급한 내용에 대한 피드백을 제공한다(Clark & Schaefer, 1989). 참가자들은 "네, 네.", "물론이죠.", "잘 알겠어요." 등 긍정이나 상호 이해의 신호를 많이 보낼 때 더 자주 서로를 쳐다봤다. 화자가 논거를 제시하거나 청자에게 동의를 구할 때도 마찬가지였다.

여러분 주변에 이야기를 나누고 있는 사람들을 관찰해 보라. 시선이 머무르는 시간을 집중해서 관찰해 보면 아주 미묘하게 조직적이라는 것을 알 수 있을 것이다.

감정의 해석은 문화와 관련이 있다. 그럼에도 기본적인 감정이자 보편적으로 인정되는 여섯 가지 감정이 있다(Ekman & Friesen, 1971).

- 공포
- 분노
- 슬픔
- 기쁨
- 혐오
- 놀람

전 세계 어느 나라에서든 표정을 통해서 이러한 감정을 표현할 때 숨겨진 감정들을 즉시 읽게 될 것이다. 비언어적 행동의 위력은 가히 대단하다.

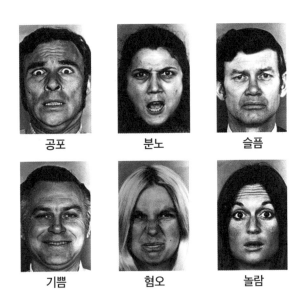

그림 8-1 보편적인 여섯 가지 감정과 그 표정

적용하기

사람의 얼굴에 드러나는 표정의 위력을 살펴보자. 우리는 앞서 살펴본 기본적인 감정들을 잘 읽어 낸다. 그만큼 감정은 우리의 뇌리에 깊숙이 박혀 있는 것이다.

따라서 사진, 동영상 또는 표정이 풍부한 얼굴의 표현(그림, 크로키, 애니메이션 등)을 이용하면 감정을 빠르게 전달할 수 있다. 이러한 감정들이 여러분의 메시지에 힘을 실어줄 것이다.

메시지의 기억 흔적도 강화된다(원칙 15 참조).

그림 8-2 다양한 표정의 예

핵심 정리

- 표정으로 드러내는 사람의 표현(사진 및 묘사)은 즉시 감정을 전달한다.

- 표정을 통해 감정을 인지하고 해석하는 것은 인간이 가진 성숙하면서도 매우 심오한 능력이다.

- 여섯 가지 감정, 슬픔, 기쁨, 분노, 공포, 혐오, 놀람은 기본적이고 보편적인 감정이다.

- 사진, 동영상 또는 표정이 풍부한 얼굴의 표현을 사용하면 감정을 빠르게 전달할 수 있다. 이러한 감정들이 여러분의 메시지에 힘을 실어줄 것이다.

설득력 있는 제스처를 이용하라

"어디에도 쓰여 있지 않아 누구도 알지 못하지만,

누구나 이해할 수 있는 코드를 따라 우리는 제스처에 극도로 예민하게 반응한다."

-사피어(Sapir, 1949)

이론

다양한 형태의 정보를 전달하는 제스처들을 분류한 카테고리가 있다.

필자는 논문을 통해 대화를 나눌 때 제스처가 어떻게 개입되는지, 가령 생각을 전달하는 데 어떻게 도움이 되고, 어떻게 이해시키는지, 제스처 각각의 형태는 커뮤니케이션에 어떻게 기여하는지를 알아봤다. 실험 결과를 토대로 필자는 이러한 협동 작업에서 관찰한 제스처를 유형적으로 구성했다. 이것은 DAMPI 제스처 분류다(Lefebvre, 2008).

이야기의 청자나 시청자는 자연스럽게 주인공에 동화되는 경향이 있다. 감정 이입이 일어날 때 청자나 시청자는 기쁨, 슬픔, 분노, 불안, 놀라움 등 주인공과 같은 감정을 느낀다.

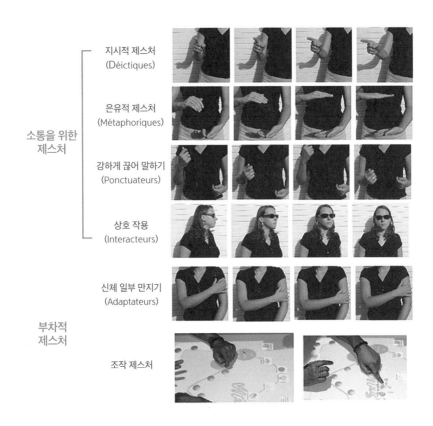

소통을 위한 제스처

지시적 제스처
(Déictiques)

은유적 제스처
(Métaphoriques)

강하게 끊어 말하기
(Ponctuateurs)

상호 작용
(Interacteurs)

부차적 제스처

신체 일부 만지기
(Adaptateurs)

조작 제스처

그림 8-3 DAMPI 제스처 분류

- **지시적 제스처**

    주변에 있는 사물이나 사람을 조준하는 행동이다. 사물이나 사람, 장면을 가리키는 것뿐만 아니라 주의를 끌 수 있다.

- **신체 일부 만지기**

    자신의 신체 일부를 만지거나 긁는 행위다. 예를 들어 팔을 만지거나 머리를 긁는 행동을 말한다.

    코니에(Cosnier, 1977)는 이 주제에 대해 다음과 같이 말했다. "커뮤니케이션의 부차적 성질에도 불구하고 원동력이 되는 이러한 행동들은 (중략) 확실하게 주의를 조절해 준다. 그래서 상호 작용하는 상황에서 필요한 노력이나 감정의 강도와 다소 직접적인 관련이 있다." 상대방이 필요 이상으로 신체적으로 가까이 있을 때 신체 일부를 만지는 횟수가 증가한다.

    신체 일부를 만지는 것은 언어적 행동과는 별개의 행동이다. 단순히 불안한 상황에서 관찰되기도 한다(Argentin, 1989). 예를 들어 신체 일부를 만지면서 외부 자극을 일부분 쉽게 단절하거나 제거해 방해받지 않고 생각에 빠질 수 있다.

    불편함의 표시이기도 하다. 이러한 행동을 분석하고 해석하기는 쉽지 않아서 종종 추측할 수밖에 없어 불확실하다.

- **은유적 제스처**

    은유적 행동은 유추로 행동, 대상, 장소, 움직임을 표현하는 것이다. 공간이나 신체적 행동, 이미지와 그 지시 대상을 표현할 수 있다(예: 규모를 전달하기 위해 두 팔을 벌리며 "이만큼 넓다"라고 표현한다).

    은유적 행동은 의미를 부여하고 언어적 내용을 묘사한다(Goldin-Meadow, 1999).

종종 상호 작용을 위해 쓰이기도 해서 사용자의 시선을 끄는 경향이 있다. 말을 대체할 수 있지만(Argentin, 1984) 대상의 물리적인 공간적 특성(무게, 크기, 형태)들을 제스처로 묘사하면서 발화를 보완하고 말하는 대상을 한 가지 제스처로 묘사할 수 있다. 은유적 행동은 의식적, 의도적으로 만들어진다(Ekman & Friesen, 1969).

- **강하게 끊어 말하기**

운율이나 박자에 맞춰 발화하거나 일시적으로 중지하는 행동이다. 발화와 동시에 나타난다.

발화와 관계가 밀접해서 언어적 행동과 함께 나타난다. 의도나 태도를 문제 삼을 때 대부분 사용한다. 논리적으로 표현할 때도 이 행동을 하게 된다(Masse, 2000).

강조하거나 타인의 시선을 끌고 유지하는 데 사용된다.

- **상호 작용**

손짓이나 상대방을 기준으로 얼굴이나 상체의 방향과 관련 있는 행동이다. 대부분 얼굴은 상대방을 향해 있다.

켄든(Kendon, 1967)은 다양한 상황에서 얼굴이나 상체가 시선의 방향을 따라간다는 것을 연구를 통해 보여줬다. 청자가 듣거나 화자가 상대방에게 발언 순서를 넘겨주려고 할 때, 혹은 서로 동의하거나 상호 이해를 표현할 때 등이다.

상호 작용은 주로 지정하는 역할을 한다. 발언 순서를 조절하거나 상대방에게 주의나 동의를 표현한다.

- **조작 제스처**

물리적으로 존재하는 것을 포함하여 주변에 있는 대상을 조작하는 행동으로 인간-시스템 인터페이스의 대상이 중요하다. 이 제스처는 작업을 완수하는 기능을 한다.

결론적으로 이러한 제스처 유형들은 커뮤니케이션을 위한 제스처와 그 부차적 제스처로 구분된다. 커뮤니케이션을 위한 부차적 제스처에서 발생하는 조작 제스처는 정보 전달이 목적은 아니더라도 작업을 완수하는 데 사용되기도 한다.

적용하기

이러한 행동 유형은 특히 동영상으로 볼 때 인상적이다. 실제로 제스처는 발화를 무겁지 않게 하면서 메시지를 뒷받침한다.

타인을 설득하고 싶은가?

그렇다면 여러분이 상대방에게 직접 말을 걸고 싶을 때 자세가 상대방을 향하는 상호작용을 사용하자. 동영상은 효과가 뛰어난 수단이다. 동영상에서 화자가 카메라를 응시할 때 우리는 화자가 우리에게 직접 말하는 기분을 느낀다.

무언가를 가리키고 싶을 때 조작 제스처와 지시적 제스처를 이용하자.

그림 8-4 **조작 제스처**

은유적 제스처로 여러분의 이야기를 묘사하자. 그러면 이야기에 활력이 생기고 이미지로 그려내기 쉽다.

이야기에 더욱 활력을 주기 위해서는 자주 강하게 끊어서 말하자. 이 제스처를 어느 정도로 사용하는지 다음 영상을 보면 참고가 될 것이다. 강의를 듣는 청자들의 관심을 끌고 동영상에 활기를 불어넣는 데 중요한 역할을 한다(책 뒷부분의 더 나아가기에 링크 수록).

그림 8-5
강하게 끊어서 말하기

마지막으로 신체 일부를 만지는 행동은 삼가자. 오히려 거리를 두려는 신호가 될 수 있다. 제스처를 연구하기 위해 100여 시간 동안 동영상을 분석한 필자는 이 제스처를 우리가 가장 자연스럽게 자주 사용한다는 것을 알게 됐다. 그러니 여러분이 동영상을 찍을 때 이러한 제스처를 하지 않도록 주의하자.

앞의 모든 조언들은 여러분이 프레젠테이션을 할 때와 마주 보고 소통할 때도 효과적이다. 커뮤니케이션을 위한 제스처(강하게 끊어 말하기, 지시적 제스처, 상호 작용, 은유적 제스처)를 지나치게 사용하더라도 제스처를 함께 사용하면 여러분의 이야기가 더욱 활기를 띠고 흥미로워진다는 것을 알 수 있을 것이다.

핵심 정리

- DAMPI 제스처(지시적 제스처, 신체 일부 만지기, 조작 제스처, 강하게 끊어 말하기, 상호 작용)를 인지하는 것은 흥미로운 일이다. 각각의 제스처는 커뮤니케이션에서 다양한 역할을 하기 때문이다.

- 여러분이 상대방에게 직접 말을 걸고 싶을 때 자세가 상대방을 향하도록 하자. 동영상은 효과가 뛰어난 수단이다. 동영상에서 화자가 카메라를 응시할 때 화자가 우리에게 직접 말하는 듯한 기분을 느낀다.

- 무언가를 가리키고 싶을 때 조작 제스처와 지시적 제스처를 이용하자.

- 은유적 제스처로 여러분의 이야기를 묘사하자. 그러면 이야기에 활력이 생기고 이미지로 그려내기 쉽다.

- 이야기에 더욱 활력을 주기 위해서는 자주 강하게 끊어서 말하자.

- 신체 일부를 만지는 행동은 삼가자.

- 동영상에서나 실제 상황에서 마주 보고 대화하거나 상호 작용을 할 때 적절한 제스처를 함께 사용하면 여러분의 이야기가 더욱 활기를 띠고 흥미로워진다.

모방 효과를
활용하라

이론

여러분은 대화할 때 상대방의 발화 속도나 단어 선택, 제스처, 표정을 따라 한다는 사실을 알고 있는가?

상대방에게 집중하기 위해 우리는 모두 이러한 행동을 한다. 이를 언어적 집중이라고 한다. 대화에 집중하기 위해 상대방의 언어적, 준언어적, 비언어적 행동들에 적응하는 것을 의미한다(Giles & Ogay, 2007).

이러한 모방 행동은 자연스럽게 일어난다. 상대방과 더 잘 소통하고 '그들의 수준'에 맞추기 위해서다. 우리가 아이와 대화할 때 이 현상은 더욱 두드러지게 나타난다. 우리는 아이들의 나이에 맞춰서 말의 속도나 언어 선택에 주의한다. 여러분 주변에 있는 사람들이 이런 행동을 하는지 면밀히 관찰한다면 각각의 대화자들이 상대방을 따라 한다는 것을 발견할 것이다.

철저하게 무의식적으로 이뤄지는 이러한 행동 뒤에는 서로를 정확하게 알기 위한 친밀감 형성이라는 목적이 숨어 있다. 언어적 집중을 통해 대화자의 멘탈 모델을 지지하는 것이다(Pickering & Garrod, 2004).

상호적 지지라고도 볼 수 있는 대화자의 멘탈 모델을 지지하는 것은 언어적 대화의 생산과 이해를 위한 적극적인 과정이다. 이러한 과정을 통해 대화자는 결국 보편적인 표현을 사용하게 된다.

사회적 상호 작용에서 언어적 집중은 모방에 포함된다. 모방은 인간관계의 확립과 유지를 입증하는 암묵적 현상이다. 사회적 접착제(social glue) 역할을 함으로써 인간관계를 공고히 한다.

감정 또한 전염성이 매우 강해서 특정 감정을 표현한 사진을 보는 것만으로도 긍정적인 감정이든 부정적인 감정이든 그와 비슷한 감정을 느낀다.

적용하기

사용자를 따라 하는 동료, 비서, 상담원 출연시키기

언어적 집중(발화 속도, 성량, 비언어적 모방)을 위한 상호 작용 기술을 사용한다면 그 효과는 매우 뛰어날 것이다. 또 다른 방법으로 여러분의 사용자를 어느 정도 흉내 내는 동료, 비서, 상담원 등의 캐릭터를 등장시킬 수도 있다. 이 애니메이션 캐릭터를 이용할 수도 있지만 중요한 것은 사용자가 이 캐릭터 안에서 자신의 모습을 발견해야 한다는 점이다.

사용자는 사용자를 맞이하거나 안내하는 캐릭터를 보고 상황의 분위기를 파악한다. 맥브린(McBreen), 앤더슨(Anderson), 잭(Jack)의 연구(2001)에 따르면 실험 참가자들은 은행 애플리케이션에서는 정장 차림의 애니메이션 캐릭터를 더 신뢰하는 반면 영화표 예매 애플리케이션에서는 편한 복장의 캐릭터를 더욱 신뢰했다.

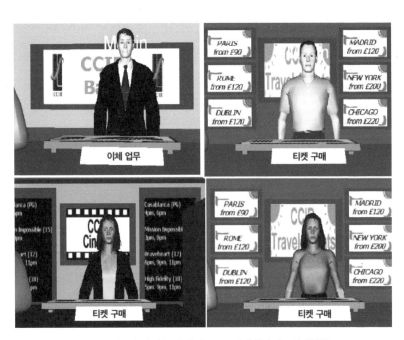

그림 8-6 맥브린, 앤더슨, 잭의 연구(2001)에 등장하는 상담원들

사용자에게 감정 유발하기

사진이나 동영상으로 여러분이 원하는 감정의 종류를 노출하면 모방 효과로 사용자들에게 특정 감정을 유발할 수 있다.

그림 8-7 기쁨과 편안함을 유발하는 사진을 게시한 기사의 예

핵심 정리

- 모방은 *사회적 접착제* 역할을 하며 인간관계를 공고히 한다.
- 상호 작용에서 이러한 효과는 두드러지게 나타난다. 모방을 이용하여 사용자를 흉내 내거나 표현하는 캐릭터(동료, 비서, 상담원)를 등장시키면 사용자와의 관계가 견고해진다.
- 감정은 전염성이 강하다. 감정을 전달하는 동영상이나 사진을 게시하여 사용자들에게 특정한 감정을 유발하자.

여기서 잠깐!

미국에서 있었던 일이다. 한 술집에서 여성 종업원이 고객의 주문을 똑같이 반복하면서 한두 차례 고객의 행동을 따라 했다.

"주스 한 잔 부탁합니다."
"주스 한 잔"

이 여성 종업원이 고객의 행동을 따라 한 경우에는 두 배 더 많은 팁을 받았다. 모방은 사회 친화적 행동을 유발한다.

더 많은 정보를 원한다면 반 바렌(Van Baaren), 홀랜드(Holland), 스테인에르트(Steenaert), 반 크니펜베르흐(Van Knippenberg)의 연구(2003)를 참조하자.

9장

설득력 높이기

이 장에서 배울 것

설득력이 있다는 것은 무엇보다 믿을 만하고 실질적으로는
사용자에게 적절하다는 의미다. 사용자에게 진정한 가치를 전달
하는 것이 관건이다. 그러기 위해서는 인터랙션에 사용자들을 끌어
들여 사로잡고 결국 열광하게 만드는 적절한 방법을 찾아야 한다.
필자가 현대판 노예의 원인에 대해 관심을 갖게 된 것은 설득력 있는
발표 덕분에, 내 삼촌이 담배를 끊게 된 것은 애플리케이션 덕분에,
내 친구가 영어 실력을 높이기로 다짐한 것은 이메일 덕분이었다.

사용자들이 그들의 목표를 달성하도록 도와야 한다. 사용자들이
관심을 갖도록 만들어 그들을 끌어들이자!

신뢰할 수 있는
인터페이스

설득력 있는 시스템이란 무엇일까? 네메리(Nemery), 브랑지에(Brangier), 콥(Kopp)은 설득력을 분석할 수 있는 열두 가지 기준들을 만들었다. 그 첫 번째 기준은 신뢰성이다.

이론

시스템이 신뢰성을 갖추기 위해서는 '사용자가 정보의 출처가 믿을 만하고, 전문적이며 신뢰할 수 있다고 인지하게 하려면 사용자에게 더 많은 요소들을 제공하는 것'이 중요하다.

네그리(Negri)와 스내취(Senach)의 연구(2015)에 따르면 다음 네 가지 단계에 따라 시간이 흐를수록 신뢰를 얻게 된다고 한다.

1. 화면의 신뢰성
2. 경험을 통한 신뢰성
3. 신뢰 구축
4. 완수

설득력 있는 시스템의 선구자인 포그(2003)는 시스템의 '지각된 신뢰'와 '지각된 전문성'의 결합이 중요하다고 주장했다.

신뢰성은 실질적이고 적절하며 공정한 정보 전달로 구축할 수 있다. 가령 '마케팅 연출'로 제품을 더 매력적으로 보이게 하는 것보다는 제품의 기능을 묘사하는 것이 더욱 중요하다.

전문성은 지식, 경험, 능력을 대변하는 정보들의 전달로 나타난다. 예를 들어 웹 사이트는 정기적으로 업데이트되고 끊어진 링크가 없어야 한다.

포그의 또 다른 기준들은 시스템에 신뢰도를 배가한다.

- 화면의 신뢰성
- 경험을 통한 신뢰성
- 신뢰 구축과 사생활
- 사실성
- 권위
- 믿을 만한 제3자
- 검증 가능성
- 타당성
- 완수
- 완벽함

적용하기

서비스에 신뢰성을 구축할 수 있는 기준들의 정의와 예시를 살펴보자.

화면의 신뢰성 상호 작용의 첫 순간에 지각된 신뢰성을 의미한다. 인터페이스의 외관과 증서나 참조, 명성을 게시하는 것이 중요하다. 예를 들어 그래프, 숫자, 유명한 브랜드나 의료처럼 인정받은 전문성과의 관계를 드러내는 것이다.

그림 9-1 '올해의 제품' 로고

경험을 통한 신뢰성 시간이 지날수록 신뢰성은 강화된다. 사용자의 기대에 효과적이고 지속적으로 부응할 수 있는 모든 것을 의미한다. 제3자의 평가나 평점, 인증 라벨, 몇 가지 사례를 통한 의견 등이 여기에 속한다.

신뢰 구축과 사생활 서비스를 통해 수집되는 개인 정보 용도에 대해 사용자들을 안심시키고 투명성을 보증하는 것이다. 정보 사용의 용도, 디자이너의 의도, 서비스의 목적에 대한 설명으로 실현할 수 있다. 한 예로, 프랑스 정보자유국가위원회(CNIL)의 경우 정보 공개 등록 번호를 공개한다.

사실성 사용자는 무언가를 인식할 때 소속된 그룹의 문화적 상징적 측면에서 그 사실성을 파악한다. 해당 그룹 안에서 사용자는 목표 행동과 관련 메시지에 적합한 실질성, 조작, 효력을 강조하면서 환경, 여건, 익숙한 상황을 사실적이라고 여긴다. 사실성은 알려진 장소, 상황, 사건들 그리고 확인된 인물을 참조하거나 같은 그룹에 소속된 사람들의 증언을 통해 강화될 수 있다. 단, 너무 보편적인 정보들은 피해야 한다.

권위 관련 분야의 공공기관이나 알려진 공적 인물이 개입하여 지지하고 확증하며 동의를 보낼 수 있다.

그림 9-2 사용자의 사생활을 보호하는 위트르 앙 리뉴(huître en ligne) 사이트의 페이지

믿을 만한 제3자 네트워크나 이해 집단, 협회, 커뮤니티를 게시해 지지를 얻고 확인되며 동의받을 수 있다. 예를 들어 아래의 사이트는 사이트를 언급한 언론사들을 게시했다. 이로써 언론은 관심을 모으고 서비스에 정당성을 부여한다.

그림 9-3 '소개된 기사' 지면을 통해 서비스를 언급한 언론사들을 게시한다.

검증 가능성 서비스는 사용자가 콘텐츠의 정확성을 확인할 수 있도록 콘텐츠 출처 링크를 남기거나 콘텐츠를 확인하게 만드는 자극제를 설치하는 등 검증 가능성을 제공한다.

그림 9-4
외부 사이트에서 확인 가능한 의견

타당성 서비스가 타당하다는 것을 보여주는 요소들이다. 명성, 시장 점유율, 역사, 회원 수 등을 게시하는 방법이 있다.

완수 사용자는 그들의 진전이나 목표 달성을 확인할 수 있다. 예를 들어, 진척 과정이나 목표 달성까지 남은 과정을 구체화하는 것이다. 걷기나 금연 애플리케이션은 이러한 원리를 이용하여 사용자들을 독려할 수 있다.

완벽함 시스템에 어떤 버그나 오류(사용할 수 없는 링크, 부적절한 응답)가 없어야 사용자가 시스템을 더욱 신뢰하게 된다. 적절하고 사용자를 안내하며 흥미로운 제안들을 하는 인터랙션을 사용할 때 사용자의 신뢰감은 더욱 공고해진다.

핵심 정리

- 사용자는 믿을 만하고, 전문적이며 신뢰할 수 있는 정보 출처를 통해 서비스를 신뢰할 수 있다고 인지한다.
- 신뢰성은 '지각된 신뢰'와 '지각된 전문성'의 결합으로 결정된다.
- 신뢰는 시간이 갈수록 쌓이게 된다.
- 포그(2003)에 따르면 시스템에 신뢰를 부여하는 기준은 화면의 신뢰성, 경험으로 얻은 신뢰성, 신뢰 구축과 사생활, 사실성, 권위, 믿을 만한 제3자, 검증 가능성, 타당성, 완수, 완벽함이다.

손실회피성의
작용

이론

도박이나 주식 거래를 하거나 항공권을 구매할 때 우리는 같은 금액이라도 이익보다 손실에 더욱 민감하다. 이러한 현상을 손실회피성(*loss aversion*)이라고 한다. 카너먼(Kahneman)과 트버스키(Tversky)는 1979년 이러한 현상을 제시하며 노벨 경제학상을 받았다. 우리의 뇌는 이득과 손실을 똑같이 받아들이지 않는다. 이러한 현상이 결정에 영향을 미치고 이성적인 판단을 흐리게 만든다.

잠재적 이득을 생각할 때나 실제로 이득을 얻었을 때, 쾌락 체계로도 불리는 보상 체계가 작동한다. 반대로 잠재적 손실을 생각할 때나 실제 손실에 대응할 때 쾌락 체계는 작동하지 않는다.

그래서 사람들은 동전 던지기로 50유로를 잃었을 때 다음번 당첨금이 100유로는 되어야 그 게임에 참여할 것이다.

다니엘 카너먼에 따르면 또 다른 흥미로운 점은 사람들은 같은 물건이라도 살 때보다 팔 때 더 많은 금액을 요구한다.

기준점

손실이나 이득을 어떻게 평가할 것인가? 물론 평가를 위한 기준인 논리의 시발점이 있어야 한다. 대개 현 상황이나 관련 시점이 그 시발점이다.

앙투안의 예를 들어보자. 앙투안은 휴가를 보내기 위해 투생을 떠나 로마로 가려고 한다. 그런데 앙투안의 친구인 셀린이 지난해 같은 기간 로마에서 휴가를 보낸 적이 있다. 앙투안은 셀린에게 항공권이 얼마였냐고 물었고 셀린은 왕복 200유로였다고 대답했다. 이제 이 200유로, 즉 셀린이 지불한 금액이 앙투안의 평가 기준이 된다.

그런데 만약 현재 항공권이 최소 250유로라면 기준 시점과 비교했을 때 앙투안은 손해를 보는 기분일 것이다. 반대로 150유로라면 이득을 봤다고 느낄 것이다.

이러한 손실회피성은 금액뿐만 아니라 여러 가지 기준에도 작용한다. 가령 여러분이 어떤 상점의 서비스 질에 익숙해져 있는데 운영자가 바뀐 뒤부터 서비스 질이 떨어졌다면 여러분은 손해를 봤다고 느낀다.

적용하기

이 이론은 사용자의 선택이 우리가 사용자에게 선택지를 제시하는 방법에 영향을 받는다는 점을 보여주는 만큼 더욱 흥미롭다.

사용자는 그들이 놓인 상황에 따라 이득과 손실에 다르게 행동한다. 여러분이 사용자들에게 더 많은 것을 제공하는 것보다 '철회'하는 것에 사용자들은 더욱 민감하게 반응할 것이다.

여러분의 제품이나 서비스의 금액을 정하고 싶다면 코리나 파라스키브(Corina Paraschiv)와 올리비에 라리돈(Olivier L'Haridon)이 제시한 두 가지 조언을 살펴보자.

- 소비자는 같은 금액이더라도 가격 인하(이득)보다 가격 인상(손실)에 더욱 민감하기 때문에 가격 변동에 특히 주의해야 한다. 만약 가격을 인상해야 한다면 일례로 생산 비용 증가 등의 설명을 덧붙이는 것이 효과적이다. 그러면 소비자는 가격 인상을 그리 심각하게 받아들이지 않을 것이다.

- 어느 정도 가격을 일정하게 유지하자. 실제로 소비자는 손실에 더욱 민감하기 때문에 여러분은 가격을 인상하자마자 어떤 의미에서 점수를 잃지만, 가격을 인하할 때 '잃은 점수'로 만회하지는 못할 것이다. 저자들은 여기에 다음과 같이 그 미묘한 차이를 설명한다.

"그럼에도 기업은 소비자가 구매한다는 것에 익숙해지도록 소비자에게 랜덤 상품을 판매할 수 있다. 실제로 손실을 '회피'하는 소비자는 상품을 구매할 기회를 잃지 않기 위해 처음에 구매하려고 했던 것보다 기꺼이 더 소비하려는 경향이 있다(L'Haridon & Paraschiv, 2009)."

이처럼 사람들은 현재를 기준 시점과 비교한다. UX 디자이너인 우리에게 사용자의 기준점이 무엇인지 연구하는 것은 흥미로운 일이다. 그 대상은 금액일 수도 있고 상품이나 서비스의 질, 구매 처리 지연, 고객 관계의 유형, 편리함, 안전 등일 수도 있다. 여러분이 소비자에게 제공하는 서비스가 상업적이든 아니든 사용자가 기대하는 바를 정확하게 알아야 한다.

핵심 정리

- 이득과 손실은 똑같이 받아들여지지 않는다. 1유로라도 우리는 이득보다 손실에 더욱 민감하다.
- 손실이나 이득의 변동을 평가하기 위해 우리는 논리의 시발점이 되는 기준을 정한다.
- 사용자가 정한 기준점에 따라 금액, 상품이나 서비스의 질, 구매 처리 지연, 고객 관계 유형, 편리함, 안전 등이 평가된다.
- 이러한 기준점을 아는 것은 매우 중요하다.

여기서 잠깐!

부동산에서 우리는 손실회피성을 발견하게 된다. 이는 '톱니 효과(Ratchet effect, 생산이나 소비 수준이 어떤 수준에 도달하면 다시 원상태로 돌아가기 힘든 현상)' 때문이다. 경기가 상승세일 때 물가는 빠르게 오르지만 반대로 경기가 하락세일 때는 가격이 하락하지 않는다. 실제로 토지주들이 가격을 내리려고 하지 않기 때문이다.

이러한 현상은 거래의 감소와 가격 저항의 원인이 된다. 부동산 시장은 수축하게 되어 매수자들은 가격이 내릴 때를 기다리고 매도자들은 다시 가격이 오르기를 기다린다.

이러한 톱니 효과는 손실회피성으로 설명된다.

게임화된 인터페이스로
참여를 유도하라

이론

*비디오 게임 논리를 인터랙션으로 바꾸는 순간부터 인터페이스는 소위 게임화됐다고
할 수 있다.*

게임의 요소들, 메커니즘, 역동성을 인터페이스에 가져오면 사용자는 더 만족스럽게
작업을 완수하게 된다는 점이 중요하다.

La Gamification 사이트는 한 기사를 통해 *게임화* 메커니즘을 다음과 같이 요약했다.

- 배지, 점수판, 진행률과 같은 게임 장치
- 게임 진행을 진척시킬 수 있도록 정기적으로 게임을 해야 하는 필요성을 불러일으키
  는 동기 부여
- 게임과 관련되어 있든 아니든, 가상의 혹은 실질적 보상

여러분의 서비스를 게임화하기 위한 주요 단계는 아래와 같다.

- 방문자가 고객이 될 수 있는가, 충성도 높은 고객에게 보상하고 고객 충성도를 유지
  할 수 있는가, 여러분의 서비스가 언급될 수 있는가 등에 대한 목표를 정확하게 정의
  하는 것이 무엇보다 중요하다.
- 그 후 여러분의 목표를 재밌게 만들 요소들은 무엇인지 정확하게 정의한다.

- 그런 다음 사용자가 실행하길 원하는 작업에 따라 적절한 시간에 정보를 제공하여 참여 고리를 구상한다. 이를 위해 제안할 수 있는 인터랙션은 긍정적 피드백, 완수할 목표, 점수 및 배지, 단계별 튜토리얼 등 무수히 많다.

적용하기

게임화는 매우 다양한 게임의 메커니즘과 역동성으로 실현할 수 있다. 여러분의 역할은 바로 가장 적절한 것을 선택하는 것이다.

단계별로 진행될 수 있도록 사용자를 안내하는 것도 중요하다. 단, 어설프게 게임화된 인터페이스는 실패로 이어진다는 점에 주의하자!

일부 인터페이스는 사용자가 사이트를 이용함에 따라 여러 단계의 전문가 지수를 향상시킬 수 있도록 하고 있다. 가령 카풀 서비스인 블라블라카(Blablacar) 사이트에서 사용자의 수준을 평가하는 것은 근속 연수, 평가 수, 긍정적인 평가의 비율이다.

그림 9-5 블라블라카 사이트의 사용자 전문가 지수 예시

참여를 유도하는 질문지를 채우게 하라

슬레이버리 풋프린트(Slavery Footprint) 사이트를 살펴보자. 이 사이트는 사용자들을 위해서 일하는 사람의 수를 계산하는 질문지를 게시해 사용자들의 참여를 유도한다. 결과는 상당히 씁쓸하다. 그럼에도 이 질문지는 놀이처럼 느껴지고 디자인 이미지도 미학적으로 뛰어나 사용자를 참여하게 만든다.

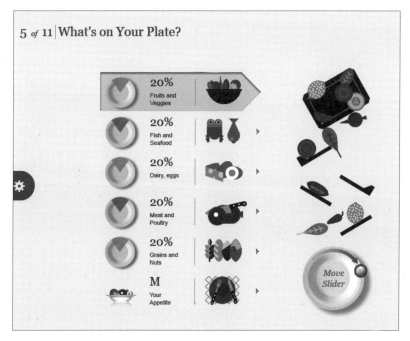

그림 9-6 슬레이버리 풋프린트 사이트의 질문지

사용자들이 스스로 목표를 설정하도록 하라

밀물같이 밀려오는 정보들을 끊기가 때로는 쉽지 않다. 그런 만큼 끊으려면 작은 도움이 필요하다. 포레스트(Forest)는 우리가 인터넷에 접속하지 않도록 도와주는 애플리케이션이다. 여러분은 일하거나 공부하는 동안 스마트폰이나 애플리케이션에 접속하지 않고 집중하고 싶은 시간을 이 애플리케이션에서 설정할 수 있다. 그리고 그 시간을 양분으로 스마트폰에서 나무 한 그루를 키우게 된다. 만약 설정한 시간 동안 스마트폰으로 다른 애플리케이션을 사용할 경우 나무는 죽게 된다.

그림 9-7 포레스트 애플리케이션 스크린 숏

핵심 정리

- 어설프게 *게임화*된 인터페이스는 실패로 이어진다.
- 완성도 있는 *게임화*를 위해서는 다음 단계들을 거쳐야 한다. 목표들을 설정한 후, 목표를 재밌게 만들 요소들을 정의하고 참여 고리를 선택한다.

설득형 디자인을 위한
여덟 가지 단계

설득형 디자인이란 설득적 기술을 이용해 사용자들의 행동(건강, 정치, 환경 등)을 변화시키는 디자인을 의미한다.

이론

'만병통치약'은 존재하지 않는다. 유용성과 마찬가지로 디자인은 환경, 사용자, 애플리케이션 등에 맞춰야 한다.

이 분야의 선구자인 B. J. 포그는 2009년부터 기사를 통해 설득형 디자인의 여덟 가지 단계를 제안했다.

포그는 담당자들이 너무 야심만만해서 다이어트, 금연, 지구온난화 방지 등 사용자들의 참여 폭을 무리하게 넓힌다는 점을 먼저 발견했다. 반면 미디어, 로비, 정치 등 외부적 요소는 등한시한다. 포그는 이러한 이유로 많은 프로젝트들이 실패한다는 사실도 알게 됐다. 야심찬 프로젝트들이 작동하는 이유는 성공을 측정할 수 있는 작은 프로젝트부터 시작했기 때문이다.

첫 번째 단계는 그들의 포부를 실현 가능한 목표에 맞추는 것이다.

여덟 가지 단계

여덟 단계는 더욱 효과적인 진전을 위해 하위 목표들을 설정하는 단계들이고, 엄격하게 구성된 것은 아니다. 순서대로 실행하지 않아도 무방하고 일부 단계는 동시에 진행할 수 있다.

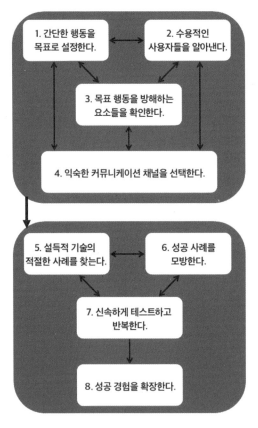

그림 9-8 설득형 디자인을 위한 여덟 단계 도식

1단계 간단한 행동을 목표로 설정한다

여러분은 사용자가 행동을 바꾸길 원한다. 좋다, 그렇다면 바꾸고자 하는 행동이 정확하게 무엇인지 결정해야 한다. 최소한의 공통분모를 확인하고 가장 단순하고 실천 가능한 행동들로 설정하자.

- **목표 행동을 유발하는 것이 첫 단계다.** 가령 동영상을 시청하거나 건강 검진을 받아야 한다고 인지하도록 만든다.
- **바뀔 수 있는 행동들로 설정한다.** 예를 들어 쓰레기 줄이기를 실천하기 위해 식사할 때 냅킨보다는 재사용할 수 있는 손수건을 사용하는 습관을 들이는 것이다.

단순하고 실천하기 쉬운 행동들을 선택하면 궁극적으로 더 많은 사용자들이 참여하게 된다. 많은 관련 연구들이 이를 뒷받침한다.

포그에 따르면 첫 단계가 가장 중요하지만, 생각보다 간단하지는 않다. 어떤 경우에는 타깃 사용자가 목표 행동을 정하기도 한다.

2단계 수용적인 사용자들을 알아낸다

행동을 바꾸는 데 수용적인 사용자들을 확인하는 것이 중요하다. 사용자가 선천적으로 확신에 찬 사람인지는 중요하지 않다. 기꺼이 바꿀 용의가 있는 행동이 무엇인지를 아는 것이 관건이다.

따라서 새로운 것에 도전하고 목표를 설정해 실천하는 것을 좋아하는 사람들을 선택해야 한다.

3단계 목표 행동을 방해하는 요소들을 확인한다

포그는 행동에 영향을 미치는 요소들을 모델화했다. 다음 세 가지 요인들에 기초하여 목표 행동을 실현하는 데 방해가 되는 요소들을 확인하자.

- 동기 부여 부족
- 능력, 완수 능력 부족
- 시의적절한 촉발제 부족

부족한 요소가 무엇인지 확인한 후에, 설득을 위한 수단으로 사용하자. 여러분이 초반부터 목표의 범위를 좁혔다면 여러분은 일관성 있고 더욱 적절하게 설득할 수 있을 것이다. 만약 일관성이 없다면 타깃 사용자를 세분화하자.

4단계 커뮤니케이션 수단을 선택한다

다음으로 타깃 사용자는 선택된 커뮤니케이션 수단에 익숙해야 한다. 앞의 세 단계에 따라 수단을 선택할 수 있다. 이때 앞의 세 단계에서 우편, 소셜 네트워크(페이스북, 링크드인), 모바일 애플리케이션, 웹, 유튜브, 게임 플랫폼 등 확인이 이미 완료되어야 한다.

일반적으로 정해진 순서대로 네 단계를 실현해야 하지만 중간에 개입이 필요할 수도 있다는 점을 명심하자.

5단계 설득적 기술의 적절한 사례를 찾는다

여러분의 분야나 비슷한 타깃 사용자 사이에서 무슨 일이 벌어지고 있는지 관찰하자. 이메일 캠페인을 수행하는지, 특별한 행사를 개최하는지 등 브랜드, 기관, 개인이 어떻게 이름을 알리는지 연구해야 한다.

시험 삼아 혹은 실수로 다양한 방법들을 시도하면 시간이나 에너지, 돈을 낭비할 공산이 크므로 다른 성공 사례를 본보기로 삼자.

여러분의 문제와 완벽하게 똑같은 사례는 찾을 수 없을 것이다. 타깃 사용자는 비슷하지만 목표가 다른 사례들처럼 말이다. 면밀히 관찰하고 숙고하자.

포그는 이때 아홉 가지 사례를 살펴보라고 조언한다.

- **유사한 행동을 목표로 하는 세 가지 사례**
- **같은 타깃 사용자를 가진 세 가지 사례**
- **같은 채널을 이용하는 세 가지 사례**

이러한 사례들이 여러분에게 다양한 해결책을 제공해 줄 것이다.

6단계 성공 사례를 모방한다

좋은 본보기를 찾았다면 이제 여러분은 그 본보기를 모방하기만 하면 된다. 이때 주의해야 할 것은 싱공으로 이끈 그 '비법'을 미리 연구해야 한다는 것이다. 포그는 색감이나 그래픽을 잘 사용하는 것으로는 충분하지 않다고 설명한다. 그보다는 심리학 지식이나 직감이 필요하다.

3단계(목표 행동을 방해하는 요소들을 확인한다)를 참고하면 도움이 될 것이다.

- **행동을 바꾼 성공 사례는 무엇인가?**
- **동기를 부여하는가?**
- **부합하는 완수 능력이 존재하는가?**
- **행동 촉발제는 무엇인가?**

성공 사례를 차용해 모방하고 그 *비법*을 확인하자.

7단계 신속하게 테스트하고 반복한다

이 단계가 가장 중요하다. 다양한 설득적 경험들을 신속하게 테스트하고 반복해야 한다. 최고의 방법은 행동 변화를 측정하는 것이다. 효과적인 사용자 테스트나 과학적 연구를 진행해야 하는 것이 아니라 어떻게 작동하는지를 관찰하는 것이다.

8단계 **성공 경험을 확장한다**

마침내 여러분이 사용자의 행동을 유발하게 될 경우, 그 노하우를 또 다른 목표, 도달하기 더욱 어려운 목표나 두 번째 행동 변화에 적용하자. 예를 들어 부엌 쓰레기를 줄이는 운동을 성공적으로 제안했다면 그다음에는 욕실을 목표로 삼는 것이다.

적용하기

여러분은 앞서 여덟 가지 단계에 대해서 알아봤다. 이제 사례를 통해 각각의 단계를 되짚어보자.

1단계 **간단한 행동을 목표로 설정한다**

만약 의료공제조합에서 일한다면 조합원들의 스트레스 지수를 낮추는 것을 목표로 삼는다. 분야가 광범위하기 때문에 실행할 프로젝트가 천여 개에 이를 수도 있다. 이를 구체화하여 매일 20초간 스트레칭을 하는 행동들을 제안할 수 있다. 선택지가 많은 목표보다는 스트레칭처럼 간단한 행동이 실천하기 더욱 쉬울 것이다. 최종 목표로 향하는 여정에서 이 단계를 다른 사람들이 따라야 할 첫 번째 단계로 생각해야 한다.

2단계 **수용적인 사용자들을 알아낸다**

1단계처럼 일반적인 사용자들을 타깃으로 삼아서는 안 된다. 가령 도박을 좋아하는 사람들이 도박을 그만두도록 돕고 싶을 경우, 타깃 사용자층이 너무 넓어서 적절한 수단을 찾기 어렵다.

반면 만약 사람들이 잘 먹는 것을 중요하게 생각하고 자신을 위해 요리하는 것을 즐긴다면 여러분은 사람들이 요리하는 데 시간을 더 할애하도록 격려할 수 있다.

3단계 목표 행동을 방해하는 요소들을 확인한다

여러분이 재사용할 수 있는 기저귀를 판매하는 사람이고 더 많은 부모들이 일회용 기저귀 사용을 줄이길 바란다면 먼저 구체적인 행동(가령 아이와 함께 보내는 주말에는 재사용할 수 있는 기저귀를 사용하는 것)과 타깃 사용자(환경 보호에 관심 있고 절약하기를 바라며 주중에 모두 일하는 부모)를 결정하자.

그다음에 조사를 통해 이 부모들이 재사용할 수 있는 기저귀를 구매하지 않는 이유를 알아낸다.

	유	무
동기 부여	부모는 재사용 기저귀가 친환경적이고 경제적이라고 생각한다.	부모는 환경 보호에 관심이 없고 재사용 기저귀가 더 많은 양의 물을 쓰게 만든다고 생각한다.
완수 능력	재사용 기저귀에 대한 지식이 풍부하다.	재사용 기저귀를 편리하게 사용하는 방법에 대한 충분한 지식이 없다.
촉발제	재사용 기저귀를 시험 삼아 사용할 것을 정기적으로 제안받는다.	자주 방문하는 상점에서 재사용 기저귀를 살 기회가 없었다.

표 9-1 세 가지 요소(동기 부여, 완수 능력, 촉발제) 적용 예시

물론 동기의 유무 사이에는 미세한 차이들이 존재한다. 그 사이에서 타깃 사용자가 어디쯤 있는지 찾아내는 것이 바로 여러분의 역할이다.

만약 부모의 동기가 부족하다면 민감하게 생각하는 논거들(쓰레기 줄이기, 생산 소비 에너지 절약, 지속적인 사용, 저렴한 가격)을 제시하자. 혹은 완수 능력이 부족하다면 재사용 기저귀를 긍정적으로 생각하도록 그들이 알아야 할 모든 것을 제공할 수도 있을 것이다.

촉발제가 없다면 재사용 기저귀를 시험 삼아 이용해 보거나 구매할 기회를 제공하기만 하면 충분하다.

4단계 커뮤니케이션 수단을 선택한다

앞의 예시를 이어 나가자. 타깃 사용자를 정확하게 확인한 여러분은 이 타깃 사용자가 페이스북에서 부모 간 교류를 위한 그룹에 가입되어 있다는 것을 알게 될 것이다. 그러면 이제 이 그룹에 접근해 효과적으로 타깃 사용자와 소통할 수 있다.

5·6단계 설득적 기술의 적절한 사례를 찾고, 성공 사례를 모방한다

이 단계에서는 여러분의 사용자와 공통점이 있는 서비스가 어떻게 이용되는지 살펴봐야 한다. 간략하게 최소한 다음 사항을 찾아내자.

- 부모에게 재사용 기저귀를 이용하도록 독려한 세 가지 사례
- 같은 타깃 사용자를 가지고 있는 세 가지 사례: 주중에 모두 일을 하며 환경 보호에 관심 있는 부모
- 실천을 독려하기 위한 페이스북 그룹 등 같은 채널을 사용하는 세 가지 사례

여러분은 타깃 사용자에게 다양한 이용법에 대한 영감을 줄 수도 있다. '타파웨어 (Tupperware) 모임'을 예로 들어보자. 타파웨어 사용을 독려하기 위한, 친목 차원의

소비자 모임으로 꽤 유명하다. 부모에게 재사용 기저귀를 이용하도록 이러한 방법을 활용해 보는 것은 어떨까?

7단계 신속하게 테스트하고 반복한다

이 단계에는 다양한 방식으로 접근할 수 있다. 여러분에게 이미 타깃 사용자 패널이 있다면 바로 테스트에 돌입할 수 있을 것이다. 테스트가 가능할 때 단순하게 (그들이 말하는) 내용이 아닌 행동 변화를 평가해야 한다는 것을 명심하자. 이 둘 사이에는 큰 차이가 존재하기 때문이다.

- 페이스북 캠페인처럼 주어진 시간 내, 실제 환경에서 테스트
- 사용자들의 짧은 테스트
- 테스트 A/B. 예를 들어 인터넷 사이트상에 다양한 버전의 양식이나 텍스트 형식을 제시하고 사용자들을 더욱 효과적으로 참여시키는 요소가 무엇인지 평가하는 것이다. 다음의 그림은 호텔 예약 검색의 두 가지 버전을 보여주는 좋은 사례로, A 조건에서는 26%가 양식을 채운 반면, B 조건에서는 45%가 양식을 채웠다.

그림 9-9 호텔 검색의 인터페이스 테스트를 위한 A/B안 예시

8단계 **성공 경험을 확장한다**

여러분에게는 또 다른 목표를 설정하는 일만이 남았다!

핵심 정리

- 설득형 디자인은 설득적 기술을 이용해 사용자들의 행동 변화를 일으킬 수 있다.
- 포그는 다음 여덟 단계를 제시했다.
  - 간단한 행동을 목표로 설정한다.
  - 수용적인 사용자들을 알아낸다.
  - 목표 행동을 방해하는 요소들을 확인한다.
  - 커뮤니케이션 수단을 선택한다.
  - 설득적 기술의 적절한 사례를 찾는다.
  - 성공 사례를 모방한다.
  - 신속하게 테스트하고 반복한다.
  - 성공 경험을 확장한다.

인간의 기본적 정신 과정을 명확히 파악하면 인간의 인지 능력을 더욱 존중하는 디자인을 제안하는 데 도움이 된다.

오늘날과 같이 초연결사회에서는 사용자들의 인식을 더 존중할 필요가 있다. 여러분은 하루 또는 일주일에 몇 번이나 인터넷 사이트, 소프트웨어, 음성 서비스와 맞닥뜨리는 경험을 하게 되는가? 때로는 어떤 좋지 않은 경험들로 인해 시간을 낭비할 뿐만 아니라 존중받지 못했다고 느끼기도 한다. 여러분은 자연스럽고 원활하게 상호 작용하며 안내받기보다는 디자이너들이 제안하는 논리를 이해하려고 노력했기 때문이다.

UX 디자인 전문가인 나로서는 이러한 상황을 더는 참을 수 없다. 이러한 오류들은 정보를 제시하는 방법을 숙고하기만 하면 충분히 피할 수 있기 때문이다. 이렇듯 비효율적으로 만들어지는 시스템이 태반이다.

이런 일은 왜 발생하는 것일까? 이유는 디자이너들이 내가 이 책에서 제시한 기본적 원칙을 소홀히 하기 때문이다. 쓰임새를 생각하지 않고 기술 시스템을 구상하는 바람에 시스템을 피상적으로만 완성한다.

미래에는 특정한 용도에 맞게 설계된 UX 디자인에 더 나은 의식을 갖기를 바란다. 이 문제를 단순한 사용자의 편의 문제로만 보지 말자. 디자인 선택 뒤에는 훨씬 더 큰 문제가 숨어 있다. 일부 디자인은 일부 소수를 배제한다. 또 다른 디자인은 디자이너가 예측한 논리에 적응하도록 사용자들에게 강요하면서 오히려 방해물이 된다. 기술이 인간에 적응해야지 그 반대가 되어서는 안 된다.

사용자들의 요구가 받아들여지지 않게 되면서 우리는 우리가 아닌, 기술이 결정하는 세계를 조금씩 건설하고 있다. 이 세계에는 모든 것이 복잡하고 수고로우며 인지 자원도 많이 필요하다.

이것이 UX 디자인 개발 뒤에 숨은 진정한 문제들이다. 사용자의 심리 과정을 숙지하면 용도를 더욱 존중하는 솔루션을 디자인할 수 있는데 말이다.

나는 근본적인 방법론인 사용자 중심 디자인으로 돌아가 결론을 내리고자 한다. 이 책에 기술된 원리만으로는 충분하지 않기 때문에, 실전에 최대한 근접하기 위해서는 끊임없이 타깃 사용자를 관찰하고 사용자 테스트나 현장 조사가 필요하다.

만족스러운 사용자 경험은 오직 두 가지 방법을 (심리적 원리에 대한 지식과 실제 사용의 관찰) 통해서 탄생할 것이다.

최적의 경험을 위해 탐사에 나선 여러분, UX *디자인*의 세계에서 즐거운 여행이 되길 바란다.

더 나아가기

[원칙 1]
- 하버드대학교에서 제공하는 암묵적 연합 테스트 (한국어)
  https://implicit.harvard.edu/implicit/korea/

[원칙 7]
- M.C. 다이슨(Dyson)의 〈텍스트의 레이아웃이 화면을 통한 독서에 미치는 영향
  (How physical text layout affects reading from screen)〉, Behaviour & information technology, 23(6), 377-393.
  http://images3.wikia.nocookie.net/__cb20060729105544/psychology/images/e/eb/Dyson,_M_C_(2004).pdf

[원칙 12]
- J.R. 스트룹 〈연속된 언어 반응에서의 간섭에 대한 연구(Studies of interference in serial verbal reactions)〉, Journal
  of Experimental Psychology, 18 o6, 643-662.
  http://psychclassics.yorku.ca/Stroop/

[원칙 15]
- 알랭 리우리(Alain Lieury)의 《인지 심리학(Psychologie cognitive)》(2008) 2권,
  〈회수 과정과 망각〉, Dunod.
- 쥬베밍 비타민 광고
  https://www.youtube.com/watch?v=fAuoexPNBqE

[원칙 16]
- 그림 5-1
  http://citeseerx.ist.psu.edu/viewdoc/download?doi=10.1.1.98.9867&rep=rep1&type=pdf
- 그림 5-2 MailChimp 애니메이션 동영상
  https://www.youtube.com/watch?v=OHpOZX1pA7c
- 대니얼 카너먼의 콘퍼런스: 〈경험과 기억의 수수께끼〉, TEDx 2010
  https://www.ted.com/talks/daniel_kahneman_the_riddle_of_experience_vs_memory/transcript?Fin%20de%20
  la%2conversationVu%20:%2020:42&language=fr#t-162431

[원칙 21]
- 중고차 판매 광고
  https://www.youtube.com/watch?v=4KlNeiY4Rf4

[원칙 25]
- J. 카르델로(2014년 10월 19일)의 사용자 경험에 대한 사회적 증거
  https://www.nngroup.com/articles/social-proof-ux/

[원칙 28]
- 그림 8-5 강하게 끊어서 말하기
  https://www.youtube.com/watch?v=qfD7xVzLy8I

참고 문헌

[원칙 1]
- Collins, A.M. & Quillian, M.R. (1969). ≪Retrieval time from semantic memory≫. Journal of Verbal Learning and Verbal Behavior, 8(2), 240-247.

[원칙 4]
- Bachynskyi, M., Palmas, G., Oulasvirta, A., Steimle, J. & Weinkauf, T. (avril 2015). Performance and ergonomics of touch surfaces : a comparative study using biomechanical simulation. In Proceedings of the 33rd Annual ACM Conference on Human Factors in Computing Systems, 1817-1826.

[원칙 5]
- Dyson, M.C. (2004). ≪How physical text layout affects reading from screen≫. Behaviour & Information Technology, 23(6), 377-393.
- Mangen, A., Walgermo, B.R. & Brønnick, K. (2013). ≪Reading linear texts on paper versus computer screen : effects on reading comprehension≫. International journal of educational research, 58, 61-68.
- Chen, D.W. & Catrambone, R. (sept. 2015). Paper vs. screen : effects on reading comprehension, metacognition and reader behavior. In Proceedings of the human factors and ergonomics society annual meeting, 59(1), 332-336. Sage CA : Los Angeles, CA : SAGE Publications.
- Kazanci, Z. (2015). University students' preferences of reading from a printed paper or a digital screen - A longitudinal study. International Journal of Culture and History, 1(1), 50-53.

[원칙9]
- Hick, W.E. ≪On the rate of gain of information≫. Quarterly Journal of Experimental Psychology, 4:11-26, 1952.
- Hyman, R. ≪Stimulus information as a determinant of reaction time≫. Journal of Experimental Psychology, 45:188-196, 1953.

[원칙11]
- Bastien, J.C. & Scapin, D.L. (1993). Ergonomic criteria for the evaluation of human-computer interfaces (Doctoral dissertation, Inria).
- Kang, N.E. & Yoon, W.C. (2008). ≪Age- and experience-related user behavior differences in the use of complicated electronic devices≫. International Journal of Human-Computer Studies, 66(6), 425-437.

[원칙 13]
- Schnotz, W. & Bannert, M. (2003). ≪Construction and interference in learning from multiple representation≫. Learning and Instruction, 13(2), 141-156.

[원칙 14]
- Hamann, S. (2001). ≪Cognitive and neural mechanisms of emotional memory≫. Trends in cognitive sciences, 5(9), 394-400.
- Hamann, S.B., Ely, T.D., Grafton, S.T. & Kilts, C.D. (1999). ≪Amygdala activity related to enhanced memory for pleasant and aversive stimuli≫. Nature neuroscience, 2(3), 289.

[원칙 16]
- Redelmeier, D. & Kahneman, D. (1996). ≪Patients' memories of painful medical treatments : real-time and retrospective evaluations of two minimally invasive procedures≫. Pain, 66, 3-8.

[원칙 17]
- Koo, M. & Fishbach, A. (2010). ≪Climbing the goal ladder : how upcoming actions increase level of aspiration≫. Journal of personality and social psychology, 99(1), 1.

[원칙 19]
- Meyer, W.U., Niepel, M., Rudolph, U. & Schutzwohl, A. (1991). ≪An experimental analysis of surprise≫. Cognition & Emotion, 5(4), 295-311.
- Teixeira, T., Wedel, M. & Pieters, R. (2012). ≪Emotion-induced engagement in internet video advertisements≫. Journal of Marketing Research, 49(2), 144-159.

[원칙 20]
- Freytag, G. (1896). Freytag's technique of the drama : an exposition of dramatic composition and art. Scholarly Press.
- Graesser, A.C., Singer, M. & Trabasso, T. (1994). ≪Constructing inferences during narrative text comprehension≫. Psychological review, 101(3), 371.
- Meyers, J.L. & Duffy, S.A. (1990). ≪Causal inferences and text memory≫. In A.C. Graesser & G.H. Bower (Eds.), Inferences and text comprehension. New York : Academic Press.

[원칙 23]
- Fogg, B.J. (2003). Persuasive technology : using computers to change what we think and do. Elsevier. 283 pages.
- Fogg, B.J. (avril 2009). A behavior model for persuasive design. In Proceedings of the 4th international Conference on Persuasive Technology, p. 40. ACM.
- Oinas-Kukkonen, H. & Harjumaa, M. (2018). Persuasive systems design : key issues, process model and system features. In Routledge Handbook of Policy Design, pp. 105-123. Routledge.

[원칙 26]
- Fogg, B.J. (2003). Persuasive technology : using computers to change what we think and do. San Francisco : Morgan Kaufmann Publishers.

[원칙 27]
- Kendon, A. (1967). ≪Some functions of gaze-direction in social interaction≫. Acta psychologica, 26, 22-63.
- Ekman, P. & Friesen, W.V. (1971). ≪Constants across cultures in the face and emotion≫. Journal of personality and social psychology, 17(2), 124.

[원칙 29]
- McBreen, H., Anderson, J. & Jack, M. (2001). Evaluating 3D embodied conversational agents in contrasting VRML retail applications. In Proceedings of International Conference on Autonomous Agents Workshop on Multimodal Communication and Context in Embodied Agents, pp. 83-87.
- Van Baaren, R.B., Holland, R.W., Steenaert, B. & Van Knippenberg, A. (2003). ≪Mimicry for money : behavioral consequences of imitation≫. Journal of Experimental Social Psychology, 39(4), 393-398.
- Giles, H. & Ogay, T. (2007). Communication Accommodation Theory. In B. B. Whaley & W. Samter (Eds.), Explaining communication: Contemporary theories and exemplars(pp. 293-310). Mahwah, NJ, US: Lawrence Erlbaum Associates Publishers.

[원칙 30]
- Oinas-Kukkonen, H. & Harjumaa, M. (2018). ≪Persuasive systems design: key issues, process model and system features≫. In Routledge Handbook of Policy Design (pp. 105-123). Routledge.

[원칙 31]
- Kahneman, D. & Tversky, A. (1979). ≪Prospect theory : an analysis of decision under risk≫, Econometrica, 47 (2), 263-91.

[원칙 32]
- http://www.lagamification.com/gamification-echec-marketing/

[원칙 33]
- Fogg, B.J. (avril 2009). Creating persuasive technologies : an eight-step design process. In Proceedings of the 4th international conference on persuasive technology, p. 44, ACM.

사용자를 유혹하는 UX의 기술

최고의 경험을 만드는 33가지 디자인 원칙

1판 1쇄: 2021년 1월 4일 **1판 2쇄:** 2021년 7월 20일
발행처: 유엑스리뷰
발행인: 현호영
지은이: 리브 당통 르페브르
옮긴이: 구영옥
편　집: 권도연
디자인: 임림
주　소: 부산시 해운대구 센텀동로 25, 104동 804호
이메일: uxreviewkorea@gmail.com
팩　스: 070.8224.4322

ISBN 979-11-88314-68-3

*잘못된 책은 구입하신 서점에서 바꾸어 드립니다.
*책값은 뒤표지에 있습니다.

유엑스리뷰는 독자 여러분의 소중한 아이디어와 원고 투고를 기다리고 있습니다.
원고가 있으신 분은 uxreviewkorea@gmail.com으로 저자 소개와 개요, 취지,
연락처 등을 보내 주세요.

33 bonnes pratiques en UX Design
by Liv Danthon Lefebvre
Copyright © Éditions Eyrolles in 2019
All rights reserved.

Original ISBN 978-2-212-67846-8